高职高专土建教材编审委员会

高职高专规划教材　　任务驱动型教材

防水工程施工

第二版

陈安生　主编　蒋　荣　副主编　赵宏旭　主审

化学工业出版社

·北京·

本书根据《建筑工程质量验收统一标准》(GB 50300—2013)、《建筑地面工程施工质量验收规范》(GB 50209—2010)、《屋面工程技术规范》(GB 50345—2012)、《屋面工程质量验收规范》(GB 50207—2012)、《地下工程防水技术规范》(GB 50108—2008)、《地下防水工程质量验收规范》(GB 50208—2011)等国家标准改编而成。本书继承并优化了第一版任务驱动型的编写特点，以防水工程施工典型工作任务作为学习驱动，突出实用性、实践性。全书共分五个学习情境，包括认知防水材料、屋面防水工程施工、卫浴间防水工程施工、外墙防水工程施工、地下防水工程施工。

本书为高职高专建筑工程技术等土建类相关专业教材，也可作为成人教育土建类及相关专业的教材，同时还可供从事建筑工程等技术工作的人员参考。

图书在版编目（CIP）数据

防水工程施工/陈安生主编. —2 版. —北京：
化学工业出版社，2015.7（2021.9重印）
高职高专规划教材
ISBN 978-7-122-23778-1

Ⅰ.①防…　Ⅱ.①陈…　Ⅲ.①建筑防水-工程施工-
高等职业教育-教材　Ⅳ.①TU761.1

中国版本图书馆 CIP 数据核字（2015）第 084469 号

责任编辑：王文峡　李仙华　　　　　　　装帧设计：刘剑宁
责任校对：宋　玮

出版发行：化学工业出版社（北京市东城区青年湖南街 13 号　邮政编码 100011）
印　　装：北京虎彩文化传播有限公司
787mm×1092mm　1/16　印张 11½　字数 280 千字　2021 年 9 月北京第 2 版第 4 次印刷

购书咨询：010-64518888　　　　　　　　售后服务：010-64518899
网　　址：http://www.cip.com.cn
凡购买本书，如有缺损质量问题，本社销售中心负责调换。

定　　价：39.00 元　　　　　　　　　　　　　　版权所有　违者必究

前 言

本书第一版结合初、中级建筑防水工国家职业标准和行业职业技能标准要求，以符合高职高专培养高技能人才和全面推进素质教育的需要为编写目标，出版后受到广大读者的欢迎。

自 2010 年以来，我国有关建筑防水工程的国家标准如《建筑工程质量验收统一标准》（GB 50300—2013）、《建筑地面工程施工质量验收规范》（GB 50209—2010）、《屋面工程技术规范》（GB 50345—2012）、《屋面工程质量验收规范》（GB 50207—2012）、《地下工程防水技术规范》（GB 50108—2008）、《地下防水工程质量验收规范》（GB 50208—2011）相继修订并颁布执行，建筑防水新材料、新工艺得以应用。故这次再版是在保持原书编排体系，按照防水工程施工实际工作过程，以典型工作任务作为学习驱动的特点基础上，依据国家最新规范和行业最新技术标准改编的，是前版内容的更新和优化。

本书除学习情境引入外，重点编写了认知防水材料、屋面防水工程施工、卫浴间防水工程施工、外墙防水工程施工、地下防水工程施工五个学习情境。

编写时，坚持以能力培养为本位，注重基本知识与基本技能的结合，力求知识浅显易懂，内容上以实用为准，够用为度，加强实际操作技能训练。较前一版优化了一些内容：将认知防水材料单独作为一个学习情境；按《屋面工程技术规范》（GB 50345—2012）的规定，删除了沥青防水卷材屋面施工内容；取消了刚性防水屋面；增添了聚合物水泥防水涂料施工和金属板屋面施工内容。并对自测练习题和综合实训相应进行了调整。

本书由湖南高速铁路职业技术学院陈安生教授任主编，蒋荣副教授任副主编。学习情境引入、学习情境 1、学习情境 2 由陈安生编写，学习情境 3、学习情境 4 由蒋荣编写，学习情境 5 由湖南省衡洲建设有限公司唐仕亮高级工程师编写。本书由湖南高速铁路职业技术学院赵宏旭副教授主审。

本书在编写过程中得到了湖南高速铁路职业技术学院和湖南省衡洲建设有限公司的大力支持，在此表示感谢。书中引用了有关的专业文献和资料，在此对有关文献的编著者深表谢意。

限于编者水平，书中不妥之处在所难免，敬请读者批评指正。

编者
2015 年 4 月

第一版前言

　　本书是全国高职高专土建系列规划教材之一，以符合高职高专培养高技能人才和全面推进素质教育的需要为编写目标，结合初级、中级建筑防水工国家职业标准和行业职业技能标准要求，依据国家最新规范和行业最新技术标准编写而成。

　　本书以建筑防水工程施工实际需求作为课程开发的出发点，按照防水工程施工实际工作过程进行编排，以典型工作任务作为学习驱动，便于边学边练，适合于在实训场地和施工现场组织教学。为突出应用能力培养，另编排了较多的综合实训项目，便于教学中根据实际需要组织有针对性的训练和提高。

　　编写时，考虑到培养对象的职业性，坚持以技能为本位，注重基本知识与基本技能的结合，力求知识浅显易懂，内容上以实用为准，够用为度，加强实际操作技能训练；在编写形式上，做到条理清晰，图文并茂。

　　为了提高教学效果，本书采用了学习情境引入的形式，重点编写了建筑工程的屋面防水工程施工、卫浴间防水工程施工、外墙防水工程施工、地下防水工程施工四个学习情境。

　　本书由陈安生担任主编并统稿。学习情境引入、学习情境 1 由陈安生编写，学习情境 2、学习情境 3 由蒋荣编写，学习情境 4 由衡阳市衡洲建筑安装有限公司唐仕亮高级工程师编写，本书由季冲平高级工程师主审。

　　本书引用了有关的专业文献和资料，在此对有关文献的作者表示感谢。

　　限于编者水平，书中不妥之处在所难免，敬请读者批评指正。

编者

2010 年 8 月

目　录

学习情境引入 ……………………… 1
　一、建筑防水的概念 …………… 1
　二、防水工程施工中的关键要素 ……… 1
　三、防水安全生产与环境保护 ……… 3
　四、本课程的特点和学习方法 ……… 5
学习情境 1　认知防水材料 ………… 6
　一、任务 1　认知防水卷材 ……… 6
　二、任务 2　认知防水涂料 ……… 9
　三、任务 3　认知防水密封材料和止水
　　材料 ………………………… 12
　小结 …………………………… 17
　自测练习 ……………………… 17
　综合实训 ……………………… 18
学习情境 2　屋面防水工程施工 …… 19
　子情境 1　卷材防水屋面施工 …… 20
　　一、相关知识 ………………… 20
　　二、任务 1　冷粘法铺贴屋面防水
　　　卷材 ……………………… 30
　　三、任务 2　热熔法铺贴改性沥青屋面
　　　防水卷材 ………………… 37
　　四、任务 3　自粘法铺贴屋面防水
　　　卷材 ……………………… 42
　子情境 2　涂膜防水屋面施工 …… 46
　　一、相关知识 ………………… 46
　　二、任务 1　薄质防水涂料屋面施工 …… 50
　　三、任务 2　厚质防水涂料屋面施工 …… 59
　　四、任务 3　聚合物水泥防水涂料
　　　施工 ……………………… 62
　子情境 3　金属板屋面施工 ……… 65
　　一、相关知识 ………………… 65
　　二、任务 1　彩钢夹芯板屋面施工 …… 69
　　三、任务 2　直立锁边彩钢板屋面
　　　施工 ……………………… 72
　小结 …………………………… 81
　自测练习 ……………………… 82

综合实训 ………………………… 84
学习情境 3　卫浴间防水工程施工 …… 88
　一、相关知识 …………………… 89
　二、任务 1　聚氨酯涂膜防水楼地面
　　施工 ………………………… 90
　三、任务 2　防水砂浆防水层楼地面
　　施工 ………………………… 99
　小结 …………………………… 102
　自测练习 ……………………… 102
　综合实训 ……………………… 103
学习情境 4　外墙防水工程施工 …… 105
　子情境 1　外墙墙身防水施工 …… 105
　　一、任务 1　砌体墙身防水施工 …… 105
　　二、任务 2　混凝土墙身防水施工 …… 111
　子情境 2　外墙墙面防水施工 …… 112
　　一、任务 1　粘贴饰面砖外墙面防水
　　　施工 ……………………… 112
　　二、任务 2　干挂石材外墙面防水
　　　施工 ……………………… 118
　　三、任务 3　外墙涂料墙面防水施工 …… 123
　　四、任务 4　聚苯颗粒保温浆料外墙面
　　　防水施工 ………………… 126
　小结 …………………………… 130
　自测练习 ……………………… 131
学习情境 5　地下防水工程施工 …… 133
　子情境 1　地下工程卷材防水施工 …… 134
　　一、相关知识 ………………… 134
　　二、任务 1　外防外贴法施工地下卷材
　　　防水工程 ………………… 138
　　三、任务 2　外防内贴法施工地下卷材
　　　防水工程 ………………… 147
　子情境 2　地下工程涂膜防水施工 …… 149
　　一、相关知识 ………………… 149
　　二、任务 1　外防外涂法施工地下涂膜
　　　防水工程 ………………… 150
　　三、任务 2　外防内涂法施工地下涂膜

　　防水工程 …………………… 155

子情境 3　地下工程刚性材料防水施工 … 156

　一、相关知识 ………………… 156

　二、任务 1　UEA 混凝土结构自防水

　　施工 ………………………… 157

　三、任务 2　水泥砂浆防水层施工 …… 164

小结 …………………………………… 169

自测练习 ……………………………… 169

综合实训 ……………………………… 171

附录　自测练习参考答案 ………… 174

参考文献 …………………………… 176

学习情境引入

一、建筑防水的概念

1. 建筑防水工程的功能

建筑防水技术是保证建筑物的结构不受水的侵袭，建筑物内部空间不受水危害而采取的专门措施。具体来讲就是防止雨水、生产或生活用水、地下水、滞留水、空气中的湿气及蒸汽等渗入到建筑物的某些部位。

建筑物防水措施不当，则会在建筑物有些部位的一定面积范围内被雨水渗透并扩散，出现水印或处于潮湿状态，使内部空间受到污染，严重的会在建筑物的某一部位在一定范围内或局部区域内被较多水量渗入并从孔缝中滴出，形成线漏、滴漏，甚至出现冒水、涌水现象。由此可见，建筑防水工程直接关系到房屋的使用功能、生活质量和对使用环境的保护，其基本功能是保证建筑物具有良好安全的使用环境、使用条件和使用年限。

建筑防水技术是一项综合技术性很强的系统工程，涉及材料、设计、施工、维护以及管理等诸多方面的因素。只有做好这些环节，才能确保建筑防水工程的质量和耐用年限。

2. 建筑工程的防水方法

建筑防水按设防方法分为材料防水和构造自防水两大类。

材料防水是指采用各种防水材料形成封闭防水层来阻断水的通路，以达到防水的目的或增加抗渗漏的能力，防水材料分柔性防水材料和刚性防水材料。柔性防水材料主要包括各种防水卷材和防水涂料，将其铺贴或涂布在防水工程的迎水面，达到防水的目的。刚性防水主要指混凝土材料，依靠增强混凝土密实性及采取构造措施达到防水的目的。在设防中往往采用多种不同性能的防水材料复合使用，发挥各种防水材料的优势，做到"刚柔结合，多道设防，综合治理"。

构造自防水是依靠建（构）筑物的结构（如钢筋混凝土底板、墙、顶板等）自身的密实性以及采取合适的构造形式（如采取坡度、离壁式衬墙、盲沟排水）阻断水的通路，对各类接缝、各部位和构件之间设置变形缝以及节点细部进行构造防水处理。

二、防水工程施工中的关键要素

如前所述，建筑防水工程涉及多方面因素，但最终是通过施工来实现的，而目前建筑防水施工的特点多以手工作业为主，稍一疏忽便可能出现渗漏。由此可见，施工是落着点，而在防水工程施工中关键是要做好下列几方面的工作。

1. 重视施工图会审

施工图会审是施工单位和有关各方审阅施工图、发现问题、提出问题、解决问题及完善设计的过程，也是设计人员介绍设计意图并向施工人员作技术交底的过程。从而有利于施工单位制订针对性的施工方案。图纸会审的内容应逐条记录并整理成文，经设计和有关各方核定签署，作为施工图的重要补充部分。

2. 精心编制防水工程施工方案或技术措施

要使防水工程施工进行顺利和可靠，在防水工程施工前，施工单位应根据设计要求，在进行图纸会审后编制专项施工方案或技术措施，这是必不可少的。即使是较小的防水工程，也应编制简单的施工方案或施工操作要点，用来指导防水工程的施工，以便事先做好各项准备，做到施工时心中有数。施工方案制订后，并应经监理单位或建设单位审查确认后执行，与设计图纸一样，具有法律效力。

（1）防水工程施工方案编制的依据

① 国家标准、地方（地区）标准、防水施工标准图等；

② 建筑防水设计图纸、选用防水材料的技术经济指标等；

③ 本工程的防水等级、防水层耐用年限、建筑物的重要程度、特殊部位的处理要求等；

④ 施工时所具备的现场条件、时间要求、天气气候状况，以便制定对应的措施；

⑤ 有关同类型防水工程施工经验和参考文献资料。

（2）防水工程施工方案编制的内容

① 工程概况：此部分简述工程对象的基本情况，如工程名称、地理位置、结构形式、防水工程的具体部位、面积、设防要求、选用材料和施工工艺、是新建工程还是翻修工程等内容。如果是翻修工程，还要说明渗漏的部位、产生渗漏的原因及采取的处理方法等。

② 质量标准：具体质量目标、各工序的质量控制标准、施工记录和资料归档内容与要求。

③ 施工组织与管理：明确防水施工组织者和负责人，防水分工序、层次检查的规定和要求，防水施工技术交底的要求，现场平面布置图等。

④ 防水材料的使用：包括防水材料名称、类型、品种，防水材料的特点和性能指标，防水材料的质量要求，抽样复试结果，施工配合比设计，防水材料运输、储存的规定，防水材料使用注意事项。

⑤ 施工操作要求：包括防水施工的准备工作，防水层施工程序和技术措施，基层处理要求，节点处理要求，防水施工工艺和做法，施工技术要求，防水施工的环境条件和气候要求，防水层保护的规定，防水施工中各相关工序的衔接要求。

⑥ 质量保证措施：包括质量保证体系，质量检查人员，质量检查制度。

⑦ 安全保证措施：包括工人操作的人身安全，劳动保护和防护措施，防火要求，采用热施工时考虑消防设备和消防通道，其他有关防水施工安全操作的规定等。

3. 尽量满足防水工程施工的先决条件

长期的工程实践经验和大量的研究结果表明，防水基层表面必须具备"干燥、清洁和适当温度"，它是防水工程施工的三大先决条件。三大先决条件满足后，即使防水材料档次低一些，也可发挥所具备的性能，获得较好的防水效果；反之，若先决条件未能达到适当程度，虽然采用较高档的防水材料，但也不能达到应有的效果。例如由于基层表面与防水材料不能很好地粘接，导致附着在基层表面的卷材或涂膜被雨水浸入，导致渗漏。

4. 严格遵守规范，执行标准

建筑物防水工程涉及建筑物的屋面、楼地面、墙面、地下室等诸多部位，对于不同部位的防水，其防水功能的要求是有所不同的。为此，我国制定了《建筑工程施工质量验收统一标准》（GB 50300—2013）、《建筑地面工程施工质量验收规范》（GB 50209—2010）、《屋面工程技术规范》（GB 50345—2012）、《屋面工程质量验收规范》（GB 50207—2012）、《地下工程防水技术规范》（GB 50108—2008）、《地下防水工程质量验收规范》（GB 50208—2011）等国家标准，还有有关防水的地方标准、各地区的防水施工标准图，对建筑物的防水提出了具体的标准和要求。故从事建筑工程防水施工，必须遵守和执行有关规范和标准。

另外，防水工程施工时，需要在施工现场进行诸如配置加工材料（如熬制或组配胶黏剂），涂刷胶黏剂及涂料，铺贴卷材等，都有相应的使用说明、操作流程和工艺标准，在施工中应建立、健全质量检验制度，严格工序管理，执行质量标准，规范操作工艺，从而养成良好的作业习惯。

5. 讲究职业道德的重要性

防水工程无论是浇筑防水混凝土，还是抹压、涂刷、粘接防水材料，各工序大多靠手工操作来完成，只有通过参加防水施工的技术人员、工长、作业班组长、操作工人把防水施工方案落实到防水施工的实践上才有成效。故防水施工人员的素质非常重要，防水工程施工单位应取得建筑防水和保温工程相应等级的资质证书，作业人员应持证上岗。在施工中要做到讲究职业道德，具有对工程质量高度负责的态度，加强施工组织和管理，做好防水与土建施工各工序的协调等工作，才能把防水工程做好。

三、防水安全生产与环境保护

1. 防水安全生产

建筑防水作业环境具有一定的特殊性。要登高作业，经常接触易燃材料，易受有毒、有害物质等侵害。为了保障作业人员的安全，预防事故发生，必须贯彻"安全第一，预防为主"的方针，始终坚持"安全生产，人人有责"的原则，严格遵守安全技术操作规程和国家及行业有关强制性标准、规范、规程的规定。

（1）安全教育

参加施工作业的一切作业人员都要熟知本岗位的安全生产职责和安全技术操作规程，经过本工种安全技术操作规程的培训、教育，并考核合格后方可上岗。新招收及调换工种或脱岗 6 个月后重新上岗的作业人员都必须经过三级安全教育（公司级、施工队和班组），并经考试合格，方可安排上岗（图 0-1）。

图 0-1 安全教育

图 0-2 遵守安全规定

（2）一般安全要求

① 参加施工作业的一切人员，必须遵守安全生产纪律，必须佩戴工作证（卡），并戴好安全帽进入施工现场。在作业中严格遵守安全技术操作规程的有关规定，安全上岗，不违章

作业，不擅离工作岗位，不乱串工作岗位，严禁酒后作业（图0-2）。

② 参加施工操作的人员应按规定穿衣着鞋，正确使用、保管个人安全防护用品。防水工程施工常见的安全防护用品包括安全帽、安全带、安全网、安全鞋、护手设备、护眼设备、护耳设备、防护面罩、防护服、口罩等。

③ 安全"四口"（楼梯口、电梯口、预留洞口、通道口）是施工现场安全防护的重点，必须有可靠的防护措施，不经安全人员允许，任何人不得私自拆除的防护措施。

（3）防水施工安全操作规程

防水工程施工是在高空、地下、高温环境下进行，大部分材料易燃并含有一定的毒性，必须采取必要的措施，防止发生火灾、中毒、烫伤、坠落等工伤事故。

① 施工前应进行安全技术交底工作，施工操作过程应符合安全技术规定。

② 皮肤病、支气管炎、结核病、眼病以及对沥青、橡胶刺激过敏的人员，不得参加防水作业。

③ 应将裤脚袖口扎紧，手不得直接接触沥青、溶剂等有毒材料，接触有毒材料需戴口罩并加强通风。

④ 防水材料多数属易燃品，存放的仓库以及施工现场内都要严禁烟火。如需使用明火，必须取得现场用火证，并采取设专人看护等防火措施，如图0-3所示。

⑤ 采用热熔施工时，石油液化气罐、油罐等应有技术检验合格证（图0-4）。使用时，要严格检查各种安全装置是否齐全有效，凡不符合安全规定的要停止使用；汽油喷灯、火焰加热器等需专人保管和使用，施工现场不得储存过多汽油及其他溶剂，下班后必须放入指定仓库。

图0-3 做好防火措施

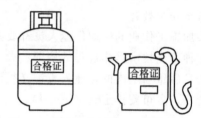

图0-4 石油液化气罐、油罐检验合格

⑥ 熔化桶装沥青，先将桶盖和气眼全部打开，用铁条串通后，方准烘烤，并经常疏通放油孔和气眼。严禁火焰与油直接接触。

⑦ 操作时应注意风向，防止下风导致操作人员中毒、受伤。熬制粘结材料和配制基层处理剂时，应注意控制熬制容器的容量和加热温度，防止烫伤。

2. 环境保护

① 建筑施工现场，为保护生态环境，防止施工过程对环境造成污染，应认真执行《建筑施工现场环境与卫生标准》（JGJ 146）的规定。

② 所有溶剂及有挥发性的防水材料，必须用密封容器包装。使用时应严格控制用量，用剩的溶剂及挥发性防水材料应倒回容器密封保管。如在室内使用，要有局部排风装置。

③ 废弃的防水材料要集中处理，及时清运出场，施工现场严禁烟火。

四、本课程的特点和学习方法

建筑防水工程施工，是建筑工程施工中的一个分部工程。本课程的实践性很强，每个情境的内容虽有联系但也有其独立性，施工程序有共性也有个性。课程内容既有规范、标准的规定，又有实践经验的总结，学习时往往较容易看懂，但真正理解、掌握并正确运用到工程实际中又比较困难。简单的依赖书本学习又易感枯燥乏味。因此，学好本门课程，除了认真领会教材中的基本知识、基本施工工艺和施工方法外，更重要的是要选择一些典型的施工案例进行学习。在施工现场或实训基地以实际项目为载体，按施工过程安排教学，进行生产性实习或模拟生产实训，是学好本门课程的重要条件。加强操作技能训练，在实际工作情境中实施"学中做、做中学"，适时进行检查和评价，是本门课程较为合理的学习方法。

学习情境 1 认知防水材料

知识目标

- 认知防水材料的品种、性能。
- 熟悉防水材料的质量标准，掌握防水材料的检验方法。

能力目标

- 能根据相关规范和设计文件，合理选用防水材料。
- 会根据防水材料检验标准，对进场材料进行检验和评判。

建筑防水材料按其材性和外观形态分防水卷材、防水涂料、刚性防水材料、板瓦防水材料、防水密封和止水材料、堵漏材料六大类。下面重点介绍常用的防水卷材、防水涂料、防水密封和止水材料。

一、任务 1 认知防水卷材

（一）防水卷材产品系列

防水卷材是防水材料生产企业生产的具有一定厚度的片状柔性防水材料，它可以卷曲并按一定长度成卷出厂，故称为卷材。卷材有 1.0m、1.2m 两种供应宽度，成品供应形式如图 1-1 所示。

(a) 高聚物改性沥青防水卷材　　　　　　　　(b) 合成高分子防水卷材

图 1-1　防水卷材成品供应形式

传统的沥青防水卷材因存在拉伸强度低、延伸率小、耐老化性差、使用寿命短等缺点，已不用于建筑物的防水层中。故现在用于建筑物防水的卷材包括改性沥青防水卷材和合成高分子防水卷材两大系列，建筑工程用防水卷材标准可按表 1-1 选用。

卷材防水层是将一层或几层卷材用胶结材料粘贴在结构基层上而构成的一种防水工程，卷材防水属于柔性防水，主要性能是重量轻、防水功能好，尤其是防水层的韧性好，能适应一定程度的结构振动和胀缩变形。这种防水层在屋面和地下室防水工程中使用比较普遍。

表 1-1　建筑工程用防水卷材标准

类别	标 准 名 称	标准编号
改性沥青 防水卷材	1. 弹性体改性沥青防水卷材	GB 18242
	2. 塑性体改性沥青防水卷材	GB 18243
	3. 改性沥青聚乙烯胎防水卷材	GB 18967
	4. 带自粘层的防水卷材	GB/T 23260
	5. 自粘聚合物改性沥青防水卷材	GB 23441
	6. 预铺/湿铺防水卷材	GB/T 23457
合成高分子 防水卷材	1. 聚氯乙烯防水卷材	GB 12952
	2. 氯化聚乙烯防水卷材	GB 12953
	3. 高分子防水材料 第 1 部分 片材	GB 18173.1
	4. 氯化聚乙烯-橡胶共混防水卷材	JC/T 684

1. 改性沥青防水卷材

改性沥青防水卷材是新型防水材料中使用比例最高的一类。它是在沥青中掺混聚合物，改变了沥青的胶体分散结构和成分，人为增加聚合物分子链的移动性、弹性和塑性。具有良好的使用功能，即高温不流淌、低温不脆裂、刚性、机械强度、低温延伸性有所提高，增大负温下柔韧性，延长使用寿命，从而满足工程防水应用的功能。

在石油沥青中常用改性材料有天然橡胶、氯丁胶、丁苯橡胶、丁基橡胶、乙丙橡胶、再生胶、SBS、APP、APO、APAO、IPP 等高分子聚合物。目前，弹性体改性沥青防水卷材（SBS）、塑性体改性沥青防水卷材（APP）使用最为广泛。

（1）弹性体（SBS）改性沥青防水卷材

是用聚酯毡或玻纤为胎基，以 SBS 弹性体作改性剂，两面覆以隔离材料制成的卷材，简称"SBS"卷材。SBS 卷材属高性能防水材料，具有良好的耐气候性、耐穿刺、硌伤和疲劳，出现裂缝自行愈合，综合性能好，故是大力推广使用的防水卷材品种，广泛应用于各种领域和类型的防水工程。

（2）塑性体（APP）改性沥青防水卷材

是用聚酯毡或玻纤为胎基，以无规聚丙烯（APP）或聚烯烃类聚合物作改性剂，两面覆以隔离材料所制成的防水卷材，简称 APP 卷材。它同样具有良好的防水性能，耐高温性能和较好的柔韧性（适应温度 -15～130℃），能形成高强度，耐撕裂、耐穿刺、耐紫外线照射的防水层，耐久性好。与 SBS 卷材一样，应用广泛，尤其适宜强阳光照射的炎热地区。

2. 合成高分子防水卷材

合成高分子卷材是以合成橡胶、合成树脂或它们两者的共混体为基料，加入适量的化学助剂和填充料，经过橡胶或塑料加工工艺制成的卷曲片状防水材料，或将上述材料与合成纤维等复合形成两层或两层以上可卷曲片状防水材料。

合成高分子卷材属于高效能高档次防水卷材，具有拉伸强度高，断裂伸长率大，耐热性能好，低温柔性好，使用寿命长，低污染，综合性能好的特点。适用于各种屋面防水，但不适用于屋面有复杂设施、平面标高多变和小面积防水工程，并且造价相对较高。

合成高分子防水卷材主要分为合成橡胶（硫化橡胶和非硫化橡胶）、合成树脂、纤维增强几大类。其主要品种有三元乙丙橡胶、聚氯乙烯、氯化聚乙烯，还有橡塑共混以及聚乙烯丙纶、高分子自粘胶膜等。

（1）三元乙丙橡胶防水卷材（EPDM）

一是耐老化性能好，使用寿命长，经推算使用寿命可达53.7年；二是抗拉强度高，延伸率大，能适应结构及防水基层变形需要；三是耐高低温性能好，可在较极端的气候环境长期使用；四是可采用单层防水方案，用冷粘法施工，提高施工效率。是一种重点发展的高档防水卷材。适用于高档建筑工程屋面防水层外露的防水工程。

（2）聚氯乙烯防水卷材（PVC）

按基层分S型、P型两种。S型是以煤焦油与聚氯乙烯树脂混溶料为基料的柔性卷材；P型是以增塑聚氯乙烯树脂为基料的塑性卷材。该卷材拉伸强度高，对基层的伸缩和开裂变形适应性强，耐穿透、耐腐蚀、耐老化。因PVC来源丰富，原料易得，故在聚合物防水卷材中价格相对便宜，目前在世界上的应用仅次于三元乙丙防水卷材而居第二位。可用于各种混凝土屋面防水及旧建筑物混凝土构件屋面修缮。

（3）氯化聚乙烯防水卷材

是以氯化聚乙烯树脂为主要原料，加入多种化学助剂，经混炼、挤出成型和硫化等工序加工制成的防水卷材。按有无复合层分类，无复合层的为N类、用纤维单面复合的为L类、织物内增强的为W类。每类产品按理化性能分为Ⅰ型和Ⅱ型。

（4）氯化聚乙烯—橡胶共混防水卷材

以氯化聚乙烯树脂和适量的丁苯橡胶为主要原料，加入多种化学助剂，经密炼、过滤、挤出成型和硫化等工序加工制成的防水卷材。该类卷材属于橡塑共混类合成高分子防水卷材，它兼有橡胶和塑料的优点，具有高伸长率、高强度、耐臭氧性能、耐气候性和耐老化能力。除尺寸稳定性（加热收缩率）不如三元乙丙防水卷材外，其他材性指标均与三元乙丙防水卷材相当。

（二）防水卷材的进场检验

1. 质量判定标准

（1）进场的卷材及其配套材料均应有产品合格证书和性能检测报告，并符合现行国家产品标准和设计要求。

（2）进场的防水卷材应按规定进行现场抽样复验，并提供复验报告，技术性能应符合要求。

① 将抽验的卷材开卷进行规格和外观质量检验，全部指标达到标准规定时即为合格，其中如有一项指标达不到要求，应在受检产品中另取相同数量的卷材进行复检，全部达到标准规定为合格。复检时若仍有一项指标不合格，则判定该产品外观质量为不合格。

② 在外观质量检验合格的卷材中，任取一卷做物理性能检验。若物理性能有一项指标不符合标准规定，应在受检产品中加倍取样进行该项复检，复检结果如仍不合格，则判定该产品为不合格。

2. 抽样复验基数及数量

按现行《屋面工程质量验收规范》（GB 50207）及《地下防水工程质量验收规范》（GB 50208）的规定，现场抽样复验1000卷抽大于5卷，每500～1000卷抽4卷，100～499卷抽3卷，100卷以下抽2卷。

3. 抽样复验项目

（1）外观

对于沥青防水卷材，抽取成卷卷材放在平面上，小心地展开卷材，用肉眼检查整个卷材。要求表面平整，边缘整齐，无孔洞、缺边、裂口、胎基未浸透，矿物粒料粒度，每卷卷材的接头或有无任何其他可观察到的缺陷存在；对于高分子防水卷材，抽取成卷卷材放在平面上，小心地展开卷材的前 10m 检查，上表面朝上，用肉眼检查整个卷材，要求表面平整，边缘整齐，无气泡、裂纹、粘接疤痕，每卷卷材的接头或任何其他可观察到的缺陷存在，然后将卷材小心地调个面，同样方法检查下表面。沿卷材整个宽度方向切割卷材，检查切割面有无空包和杂质存在。

（2）物理性能检验

按现行《屋面工程质量验收规范》（GB 50207）规定，高聚物改性沥青防水卷材主要检测可溶物含量、拉力、最大拉力时延伸率、耐热度、低温柔性、不透水性；合成高分子防水卷材应检测断裂拉伸强度、拉断伸长率、低温弯折性、不透水性。

二、任务 2　认知防水涂料

（一）防水涂料的产品系列

防水涂料是一种流态或半流态物质，将它涂布在基层表面，经溶剂或水分挥发或各组分间的化学反应，形成有一定弹性和一定厚度的连续薄膜，使基层表面与水隔绝，起到防水、防潮作用。其效果如图 1-2 所示。

图 1-2　防水涂料成膜后外表效果

防水涂料有很多分类方法：按涂料成分可分为沥青基类、高聚物改性沥青类、合成高分子类，其分类图如图 1-3 所示；按涂膜厚度可划分为薄质涂料施工（涂膜总厚度在 3mm 以下）和厚质涂料施工（涂膜总厚度在 4～8mm）；按涂料状态与形式可分为水乳型、溶剂型和反应型三类，其性能特点见表 1-2。常用建筑工程用防水涂料标准可按表 1-3 选用。

表 1-2　溶剂型、水乳型和反应型防水涂料性能特点

项目	溶剂型防水涂料	水乳型防水涂料	反应型防水涂料
成膜机理	通过溶剂的挥发、高分子材料的分子链接触、缠结等过程成膜	通过水分子的蒸发，乳胶颗粒靠近、接触、变形等过程成膜	通过预聚体与固化剂发生化学反应成膜
干燥速度	干燥快，涂膜薄而致密	干燥较慢，一次成膜致密性较低	可一次形成致密的较厚的涂膜，涂膜致密几乎无收缩
贮存稳定性	贮存稳定性较好，应密封贮存	贮存期一般不宜超过半年	各组分应分开密封存放
安全性	易燃、易爆、有毒，生产、运输和使用中应注意安全使用、注意防火	无毒，不燃，生产使用比较安全	有异味，生产、运输和使用过程中应注意防火
施工情况	施工时应通风良好、保证人身安全	施工较安全，操作简单，可在较为潮湿的找平层上施工，不宜低于 5℃	施工时需现场按照规定配方进行配料，搅拌均匀，以保证施工质量

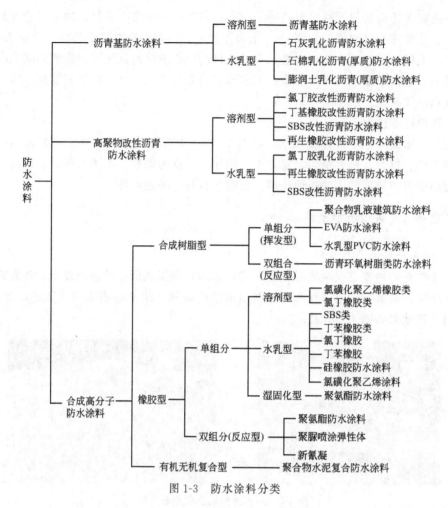

图 1-3　防水涂料分类

表 1-3　常用建筑工程用防水涂料标准

类别	标 准 名 称	标准编号
防水涂料	1. 聚氨酯防水涂料	GB/T 19250
	2. 水乳型沥青防水涂料	JC/T 408
	3. 溶剂型橡胶沥青防水涂料	JC/T 852
	4. 聚合物乳液建筑防水涂料	JC/T 864
	5. 聚合物水泥防水涂料	GB/T 23445

　　涂膜防水层整体性好，大多采用单纯的涂刷作业，施工简单、方便、污染少，不仅能在水平面上，而且能在立面、阴阳角、各种表面复杂的细部构造（如穿结构层管道、凸起物、狭窄场所等）以及任何不规则屋面的防水工程形成无接缝的完整的防水膜。但由于涂膜的强度、耐穿刺性能比卷材低，故在屋面防水工程中，大多作为多道防水设防中的一道防水层，与密封灌缝材料和卷材配合使用时，可起到良好的防水效果。

1. 沥青基防水涂料

　　是以石油沥青为基料，掺加无机填料和助剂而制成的低档防水涂料。包括溶剂型、水乳型两种。

　　沥青基防水涂料价格便宜，但涂膜较脆，耐老化性能亦差，不适合现代建筑的要求。单独使用应不小于 8mm 的较厚涂层，否则就难以达到防水要求。

2. 高聚物改性沥青防水涂料

通常是用再生橡胶、合成橡胶、SBS 或树脂对沥青进行改性而制成的溶剂型或水乳型涂膜防水材料。溶剂型常用的有氯丁胶改性沥青防水涂料、丁基橡胶改性沥青防水涂料、SBS改性沥青防水涂料；水乳型常用的有氯丁胶乳沥青防水涂料、再生橡胶改性沥青防水涂料。

高聚物改性沥青防水涂料具有高温不流淌、低温不脆裂、耐老化、增加延伸率和粘接力等性能，能够显著提高涂料的物理性能，扩大应用范围。适用于屋面工程、厕浴间、厨房、地下室、水池的防水。

3. 合成高分子类防水涂料

合成高分子类防水涂料是以合成橡胶或合成树脂为主要成膜物质，加入其他辅料而配置的单组分或双组分防水涂料。常用有聚氨酯（单双组分）、硅橡胶、聚合物乳液建筑防水涂料、三元乙丙橡胶防水涂料等。性能及用途与详见表1-4。

表 1-4　常用合成高分子防水涂料的性能及用途

品种	性能	用途
聚氨酯防水涂料	有透明、彩色、黑色等供应，强度高，耐老化性能优异，伸长率大，粘接力强	分单组分和双组分两种方式供应，以双组分比较普遍；主要用于非外露层面、墙体及卫生间的防水，地下室、储水池、人防工程的防水
硅橡胶防水涂料	防水性好，成膜性、弹性、粘接性好，安全无毒，适应冷施工；可以配成各种色泽鲜艳的涂料，美化环境	地下工程、储水池、厕浴间、屋面的防水
聚合物乳液建筑防水涂料（丙烯酸酯）	优良的耐候性、耐热性和耐紫外线性；延伸性好，能适应基层的开裂变形；并可根据需要加入颜料配制成彩色涂层，美化环境；适应冷施工	广泛应用于各种防水工程；在立面、斜面和顶面施工不流淌；用于黑色防水屋面的保护层，形成彩色涂层
三元乙丙橡胶防水涂料	高强度、高弹性、高延伸率，施工方便	适用于各种建筑屋面和地面的防水

4. 聚合物水泥防水涂料

也称 JS 复合防水涂料。由有机液体料（如聚丙烯酸酯、聚醋酸乙烯乳液及各种添加剂组成）和无机粉料（如高铝高铁水泥、石英粉及各种添加剂组成）复合而成的双组分防水涂料。产品供应外包装如图 1-4 所示。

该类涂料既有有机材料弹性高又有无机材料耐久性好等优点，可在潮湿的多种材质的基面上直接施工，涂层坚韧高强，耐水性、耐久性优异，无污染、施工简便，在立面、斜面和顶面上施工不流淌，并可根据需要配制成各种彩色涂层。是目前工程上应用较广的一种新型防水涂料。

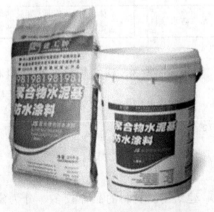

图 1-4　聚合物水泥防水涂料外包装

（二）防水涂料的进场检验

1. 质量判定标准

进场的涂料及其配套材料同样应有产品合格证书和性能检测报告，并符合现行国家产品标准和设计要求。除此以外，应按规定进行现场抽样复验，并提供复验报告，技术性能应符合要求。

现场抽样复验所取样品中先进行外观质量的检查，对于不符合相应标准中有关外观技术要求规定的产品为不合格品。对外观检查合格的产品按种类的不同分别取 2～10kg 样品进行物理力学性能的检测，对于多组分产品，所取试样总量满足要求即可。检验中所有项目均符合相应标准要求时，则判定该批产品为合格；如有两项或两项以上指标不符合标准时，则判该批产品为不合格；若有一项指标不符合标准时，允许在同批产品中加倍抽样进行单项复检，若该项经过复检仍不符合标准，则判定该批产品为不合格产品。

2. 抽样复验基数及数量

按随机取样方法，对同一生产厂生产地相同包装的产品进行取样，《屋面工程质量验收规范》（GB 50207—2012）的规定均以每 10t 为一批，不足 10t 按一批取样。《地下防水工程质量验收规范》（GB 50208—2011）规定有机防水涂料，每 5t 为一批，不足 5t 按一批抽样；无机防水涂料，每 10t 为一批，不足 10t 按一批抽样。

3. 抽样复验检测项目

《屋面工程质量验收规范》（GB 50207—2012）规定防水涂料进场抽样检测项目见表 1-5；《地下防水工程质量验收规范》（GB 50208—2011）规定防水涂料进场抽样检测项目见表 1-6。

表 1-5 屋面防水涂料进场检测项目

序号	防水涂料名称	外观质量检验	物理性能检验
1	高聚物改性沥青防水涂料	水乳型：无色差、凝胶、结块、明显沥青丝； 溶剂型：黑色黏稠状、细腻、均匀胶状液体	固体含量、耐热性、低温柔性、不透水性、断裂伸长率或抗裂性
2	合成高分子类防水涂料	反应固化型：均匀黏稠状、无凝胶、结块； 挥发固化型：经搅拌后无结块，呈均匀状	固体含量、拉伸强度、断裂伸长率、低温柔性、不透水性
3	聚合物水泥防水涂料	液体组分：无杂质、无凝胶的均匀乳液； 固体组分：无杂质、无结块的粉末	固体含量、拉伸强度、断裂伸长率、低温柔性、不透水性

表 1-6 地下防水工程防水涂料进场检测项目

有机防水涂料	均匀黏稠体，无凝胶，无结块	潮湿基面粘接强度，涂膜抗渗性，浸水 168h 后拉伸强度，浸水 168h 后断裂伸长率，耐水性
无机防水涂料	液体组分：无杂质、凝胶的均匀乳液 固体组分：无杂质、结块的粉末	抗折强度，粘接强度，抗渗性

三、任务 3 认知防水密封材料和止水材料

建筑防水密封材料又称嵌缝材料，主要应用于各类建筑物、构筑物、隧道、地下工程的接缝和缝隙止水防渗。

（一）密封材料

1. 类别

建筑密封材料的品种较多，分为定型（密封条、密封胶带）和不定型（密封膏或密封胶）两类。产品外形分别如图 1-5、图 1-6 所示。按材质不同，一般将密封材料分为合成高

分子密封材料和改性沥青密封材料两大类。常用建筑密封材料的性能与用途见表1-7。

(a) 密封条　　　　　　　　　　　　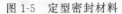(b) 密封胶粘带

图 1-5　定型密封材料

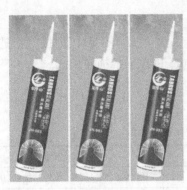

(a) 密封胶　　　　　　　　　　　　　　　(b) 密封膏

图 1-6　不定型密封材料外包装

表 1-7　常用建筑密封材料的性能与用途

类别	名称	特点	档次	用途
合成高分子密封材料	有机硅酮密封胶	具有对硅酸盐制品、金属、塑料良好的粘接性、耐水、耐热、耐低温、耐老化	高档	适用于窗玻璃、大型玻璃幕墙、卫生陶瓷等接缝密封
	聚硫建筑密封胶	对混凝土、金属、玻璃、木材具有良好的粘接性。具有耐水、耐油、耐老化、化学稳定等	高档	适用于中空玻璃、混凝土、金属结构的接缝密封，也适用于有耐油、耐试剂要求的车间和一般建筑位移量大的部位接缝密封
	聚氨酯建筑密封胶	对混凝土、金属、玻璃有良好的粘接性，并具有弹性、延伸性、耐疲劳性、耐候性等性能	中、高档	用于中高档要求的建筑接缝密封处理
	丙烯酸酯密封膏	具有良好的粘接性、耐候性、一定的弹性，可在潮湿的基层上施工	中档	适用于室内墙面、地板、卫生间的接缝，室外小位移量的建筑缝密封
	氯丁橡胶密封膏	具有良好的粘接性、延伸性、耐候性、弹性	中档	适用于室内墙面、地板、卫生间的接缝，室外小位移量的建筑缝密封
改性沥青密封材料	改性沥青油膏	具有良好的塑结性、柔韧性、耐温性、可冷施工	中档	一般要求的屋面接缝密封防水，防水层收头处理

　　为控制密封材料的嵌填深度，防止密封材料和接缝底部粘接，在接缝底部与密封材料之间往往要设置可变形材料，称之为背衬材料。背衬材料应能适应基层的膨胀和收缩，具有施工时不变形、复原率高和耐久性好等性能并与密封材料不粘接或粘接力弱。其品种有聚乙烯

泡沫塑料棒、橡胶泡沫棒等，如图 1-7 所示。

(a) 聚乙烯泡沫塑料棒

(b) 橡胶泡沫棒

图 1-7　背衬材料

2. 进场检验

（1）抽样基数及数量

合成高分子密封材料和改性沥青密封材料以 1t 产品为一批，不足 1t 的按一批进行现场抽样；合成橡胶胶结带以每 1000m 为一批，不足 1000m 的按一批抽样。

（2）检测项目

屋面防水密封材料进场检验项目见表 1-8。

表 1-8　屋面防水密封材料进场检验项目

防水密封材料名称	外观质量检验	物理性能检验
改性沥青密封材料	黑色均匀膏状，无结块和未浸透的填料	耐热性、低温柔性、拉伸粘接性、施工度
合成高分子密封材料	均匀膏状物或黏稠液体，无结皮、凝胶或不易分散的固体团状	拉伸模量、断裂伸长率、拉伸粘接性
合成橡胶胶结带	表面平整，无固块、杂质、孔洞、外伤及色差	剥离强度、浸水 168h 后的剥离强度保持率

（二）止水材料

止水材料主要用于地下建筑物或构筑物的变形缝、施工缝等部位的防水。目前常用的有止水带和遇水膨胀橡胶止水条等。一般以止水带主，止水条为辅。

1. 止水带

止水带是通过其所处两侧混凝土产生变形的状况下，以材料弹性和结构形式来适应混凝土的变形，随着变形缝的变化而拉伸挤压以达到止水作用。止水带按材料类别常用的有橡胶止水带、塑料止水带、复合橡胶止水带、遇水膨胀止水带、钢边止水带、钢板止水带等多种。其特性与应用见表 1-9。

表 1-9　常用止水带的特性与应用

品种及外形	特性	应用
橡胶止水带	橡胶止水带是以天然橡胶与各种合成橡胶为主要原料，掺加各种助剂及填充料，经塑炼、混炼、压制成型。该止水材料具有良好的弹性、耐磨性、耐老化性和抗撕裂性能，适应变形能力强、防水性能好	温度使用范围为 −45℃～+60℃。当温度超过 70℃以及受强烈的氧化作用或受油类等有机溶剂侵蚀时，均不得使用橡胶止水带

品种及外形	特性	应用
塑料止水带	塑料止水带是由聚氯乙烯、增塑剂、稳定剂等原料，经塑练、成粒、挤出、加工成型而成，它具有耐老化、抗腐蚀、扯断强度高、耐久性好、物理力学性能能满足使用要求	与橡胶止水带适用范围相同
复合橡胶止水带	可由三元乙丙胶板和 GB 止水板复合而成；也有由可伸缩的天然橡胶（NR）和两边配有镀锌钢边所组成的复合件。综合发挥单体材料的优势。断面大多采用非等厚结构，分强力区、防水区和安装区，使受力更合理	多用于大型工程的接缝，如地下工程的变形缝、结构接缝和管道接头部位的防水密封
遇水膨胀止水带	除具有普通橡胶止水带的性能外，其主要特点是内防水线采用了具有遇水膨胀性能的特殊橡胶制成。这样在膨胀橡胶遇水膨胀后增强了止水带和构筑物的紧密度，使防水、止水效果更好	广泛应用于各种类型的混凝土结构中，例如挡水坝、蓄水池、地铁、涵洞、隧道等地下工程中留有变形缝、施工缝止水
钢板腻子止水带	由综合性能优良的高分子材料与镀锌板复合而成的止水产品。橡塑腻子主体材料为耐老化性能优良的橡塑材料，具有特强的自粘性；夏季高温不流淌，冬季低温不发脆；使用寿命长，为了承受一定的弯曲和压力。中间夹有 0.4mm 或 0.6mm 厚的钢板。该产品对建筑缝之间提供可靠的防水、防渗功能	隧道、地铁、堤坝、涵洞、水利水电工程中施工缝、高层建筑地下室、地下停车场等主要工程施工缝
金属板止水带	又称金属板止水带、止水钢板，是工程中常用的防水材料，包括钢板、铜板、合金钢板等，采用金属板止水带，可改变水的渗透路径，延长水的渗透路线	主要用于钢筋混凝土结构水坝及其他大型工程，也常用于抗渗要求较高，且面积较小的工程，如冶炼厂的浇铸坑、电炉基坑等

　　止水带按使用部位不同分中埋式止水带和外贴式止水带。中埋式橡胶止水带，是一种主要用于混凝土变形缝内部设置的止水材料［见图 1-8(a)］；外贴式橡胶止水带又称背贴式止水带或外置式止水带，是一种在地下构筑物混凝土变形缝壁板外侧（迎水面）设置的一种止水带［见图 1-8(b)］。

(a) 中埋式   (b) 外贴式

图 1-8　设置不同部位用止水带

2. 止水条

止水条是由高分子无机吸水膨胀材料和橡胶混练而成的，是各种地下建筑混凝土工程施工缝的止水堵漏材料。其作用是在水达到止水条位置时，遇水后膨胀，把缝隙封死，以达到止水效果，也称以水止水。常用止水条的特性与应用见表 1-10 所示。

表 1-10　常用止水条的特性与应用

品种及外形	特性	应用
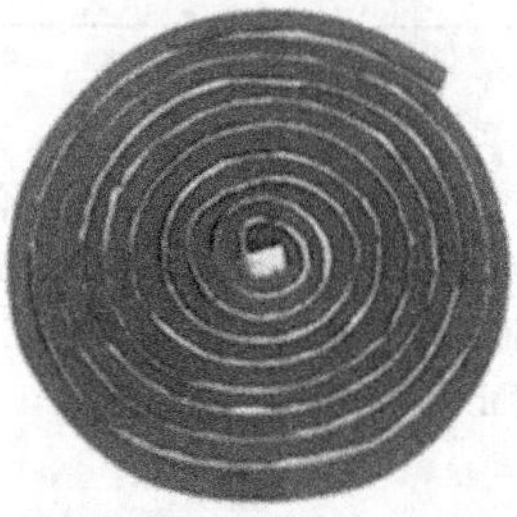 橡胶型遇水膨胀止水条	经过硫化成型，具有优良的回弹性、延伸性、又有弹性密封止水作用。它可以遇水膨胀，在水中膨胀率能在（100～500）%之间调节，膨胀体积保持橡胶的弹性和延伸性，不受水质影响	适用于混凝土施工缝、后浇缝及穿墙管、板缝、墙缝的止水抗渗和混凝土裂缝漏水的治理。广泛应用于地下室、地下车库、贮水池、沉淀池、地铁、公路、铁路隧道等各种地下建筑工程
 腻子型遇水膨胀止水条	腻子型遇水膨胀止水条是以多种材料经密炼、混炼、挤制而成的具有遇水膨胀特性的条状止水材料。膨胀倍率高，移动补充性强，置于施工缝后具有较强的平衡自愈功能，可自行封堵因沉降而出现的新的微小裂隙。费用低且施工工艺简便，耐腐性能最佳	对于已完工的工程，如缝隙渗透漏水，可用该止水条重新堵漏。广泛应用于人防、游泳池、污水处理工程、地下铁路、隧道、涵洞等以及其他混凝土工程的施工缝、伸缩缝、裂缝
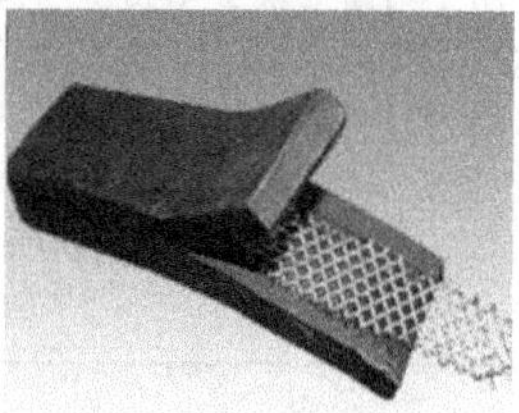 加丝网遇水膨胀止水条	止水条内加入一层丝网，提高了止水条的整体抗拉伸强度	克服了普通止水条抗拉伸强度不高之缺点，适用范围及条件比普通遇水膨胀止水条更广

3. 止水材料的进场检验

止水材料进场检验包括：检查产品合格证、产品性能检测报告和材料进场检验报告。现场抽样复验取样长度 1m。按下列要求进行。

（1）橡胶类止水带

按每月同标记的止水带产量为一批抽样。其外观质量检验包括尺寸公差、开裂，缺胶，海绵状，中心孔偏心，凹痕，气泡，杂质，明疤；物理性能检验包括拉伸强度，扯断伸长率，撕裂强度。

（2）止水条

按每 5000m 为一批，不足 5000m 按一批抽样。其外观质量检验包括：尺寸公差；柔软、弹性匀质，色泽均匀，无明显凹凸；包括物理性能检验包括硬度，7d 膨胀率、最终膨胀率、耐水性。

小　结

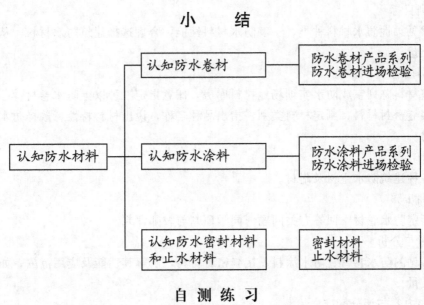

自测练习

一、判断题

1. 石油沥青柔性防水卷材，是限制使用材料。　　　　　　　　　　　　　　（　　）

2. SBS 为塑性体改性沥青防水卷材。　　　　　　　　　　　　　　　　　　（　　）

3. 相对于改性沥青防水卷材而言，合成高分子卷材属于高效能高档次防水卷材。（　　）

4. 建筑密封材料只有如密封膏或密封胶这样的不定型的品种供应。　　　　　（　　）

5. 采用聚乙烯泡沫塑料棒、橡胶泡沫棒等这类材料作为填缝背衬材料的目的就是利用这类材料与密封材料的强粘接性。　　　　　　　　　　　　　　　　　　　　　　　　　（　　）

二、单项选择题

1. 某施工公司承接某屋面工程防水施工，该屋面采用高聚物改性沥青防水卷材，分两批进料，第一批进 297 卷，该批卷材进场抽检数至少为（　　）卷。

A. 1　　　　　　　　　B. 2　　　　　　　　　C. 3　　　　　　　　　D. 4

2. 卷材防水层所用卷材必须符合设计要求，下列各项中不属于卷材进场检验时的检验项目的是（　　）。

A. 产品合格证书　　　　　　　　　　B. 产品性能检测报告

C. 现场抽样复验报告　　　　　　　　D. 产品使用说明书

3. 防水卷材检查外观时，其中有（　　）项指标达不到要求，应在受检产品中等量取样复检，全部达到标准规定为合格。

  A. 1   B. 2   C. 3   D. 4

4. 由有机液体料（如聚丙烯酸酯、聚醋酸乙烯乳液及各种添加剂组成）和无机粉料（如高铝高铁水泥、石英粉及各种添加剂组成）复合而成的双组分防水涂料称为（　　）。

  A. JS复合防水涂料   B. 聚合物乳液建筑防水涂料

  C. 橡胶型防水涂料   D. 合成树脂型防水涂料

5. 屋面防水用高聚物改性沥青防水涂料进场抽样检验物理性能，检验项目不包括（　　）。

  A. 固体含量   B. 拉伸强度   C. 低温柔性   D. 耐热性

综 合 实 训

识别防水材料

1. 实训目标

弄清常见柔性防水材料种类，了解防水材料性能，合理选择建筑防水材料，从外观上判定材料的质量。

2. 实训内容

在建筑材料陈列室或防水实训场地材料库房，任意指定三种以上防水卷材，一种防水涂料，一种接缝密封材料，判定材料类别，指出品种名称，说出材料特性，选择防水主材对应的其他附材。

3. 实训准备

陈列各种建筑防水主材及附材。

4. 实训步骤

任意指定防水卷材→回答有关问题→同学评判与教师评判。

5. 思考与分析

认知常见的防水卷材、防水涂料、接缝密封材料，了解其性能及应用范围，如何判定材料的外观质量。

6. 考核内容与评分标准

识别防水材料实训评分见表 1-11。

表 1-11　识别防水材料实训评分表

序号	评定项目	评分标准	满分	检测点					得分
				1	2	3	4	5	
1	材料种类	每一种错扣5分	10						
2	材料名称	每一种错扣5分	10						
3	材料特性及应用	描述清楚，不全时酌情扣分	30						
4	质量判定	能说出质量判定观察点	20						
5	对应的附材	能正确选择	20						
6	熟练程度	回答迅速，内容熟练	10						

学习情境 2　屋面防水工程施工

知识目标

- 理解屋面防水常见构造做法，认知防水材料的品种、性能。
- 掌握屋面防水的施工工艺和施工方法。
- 认知防水常见施工质量问题及防治方法，熟悉质量检验标准。

能力目标

- 能根据相关规范和设计文件，落实屋面防水工程施工方案和技术措施。
- 会根据实际工程量，确定屋面防水材料及配料用量。
- 会根据屋面防水施工要求，配备施工工具，做好安全防护。
- 能按照屋面防水施工工艺，规范从事防水工程施工和管理。
- 按照现行屋面防水施工质量验收规范，检验屋面防水工程施工质量。

屋面防水工程是指为防止雨水或人为因素产生的水从屋面渗入建筑物内部所采取的一系列结构、构造和建筑措施。

屋面防水工程应根据建筑物的类别、重要程度、使用功能要求确定防水等级，并应按相应等级进行防水设防。建筑物屋面防水分为两个等级，《屋面工程技术规范》（GB 50345—2012）对屋面防水等级和设防要求作了具体的规定，详见表 2-1。

表 2-1　屋面防水等级和设防要求

防水等级	建筑类别	设防要求
Ⅰ级	重要建筑和高层建筑	两道防水设防
Ⅱ级	一般建筑	一道防水设防

一种防水材料能够独立成为防水层的称为一道，屋面防水通常采用卷材、涂膜防水材料，可以设置一道或多道防水层。当防水等级为Ⅰ级时，设防要求为两道防水设防，可采用卷材防水层和卷材防水层、卷材防水层和涂膜防水层、复合防水层的防水做法；当防水等级为Ⅱ级时，设防要求为一道防水设防，可采用卷材防水层、涂膜防水层、复合防水层的防水做法。但下列情况不得作为屋面的一道防水设防。

①混凝土结构层；②Ⅰ型喷涂硬泡聚氨酯保温层；③装饰瓦及不搭接瓦；④隔汽层；⑤细石混凝土；⑥卷材及涂膜厚度不符合《屋面工程技术规范》（GB 50345）规定的防水层。

需要注意的是，当采用多道防水层设防时，耐老化、耐穿刺的防水材料应放在最上面，如当卷材与涂料复合使用时，卷材防水层宜放置在上面。

防水层的使用年限，主要取决于防水材料的物理性能，防水层厚度、环境因素和使用条件四个方面，而防水层厚度是影响防水层的使用年限的主要因素之一。卷材防水层、涂膜防水层的厚度应满足表2-2~表2-4的要求。

表 2-2　每道卷材防水层最小厚度　　　　单位：mm

防水等级	合成高分子防水卷材	高聚物改性沥青防水卷材		
		聚酯胎、玻纤胎、聚乙烯胎	自粘聚酯胎	自粘无胎
Ⅰ级	1.2	3.0	2.0	1.5
Ⅱ级	1.5	4.0	3.0	2.0

表 2-3　每道涂膜防水层最小厚度　　　　单位：mm

防水等级	合成高分子防水涂膜	聚合物水泥防水涂膜	高聚物改性沥青防水涂膜
Ⅰ级	1.2	1.5	2.0
Ⅱ级	2.0	2.0	3.0

表 2-4　复合防水层最小厚度　　　　单位：mm

防水等级	合成高分子防水卷材＋合成高分子防水涂膜	自粘聚合物改性沥青防水卷材（无胎）＋合成高分子防水涂膜	高聚物改性沥青防水卷材＋高聚物改性沥青防水涂膜	聚乙烯丙纶卷材＋聚合物水泥防水胶结材料
Ⅰ级	1.2＋1.5	1.5＋1.5	3.0＋2.0	(0.7＋1.3)×2
Ⅱ级	1.0＋1.0	1.2＋1.0	3.0＋1.2	0.7＋1.3

民用建筑通常采用平屋盖（屋面坡度小于10%）或坡屋盖（屋面坡度大于10%），就防水而言，平屋面防水构造相对复杂，施工工序相对较多，并具有代表性。故本学习情境以平屋面为对象主要学习常用的卷材防水、涂膜防水屋面的施工。近年来大型公共建筑、工业建筑已普遍采用金属板屋面，故对金属板屋面的施工也作些介绍。

子情境1　卷材防水屋面施工

一、相关知识

（一）卷材防水屋面构造做法

1. 卷材防水屋面基本构造层次

目前，屋面的构造做法有两类：一类是传统的正置式屋面，即将保温层设置于防水层的下面；另一类是倒置式屋面，则将憎水性保温层设置在防水层的上面。卷材防水屋面的基本构造层次如图2-1所示。至于某一项目屋面防水的实际构造层次及其做法，设计人员可根据建筑物的性质、使用功能、气候条件等因素进行组合。卷材防水屋面各构造层次之间的关系是互相依存、互相制约的，其中防水层起着主导作用。

2. 卷材防水屋面常见节点构造处理

（1）女儿墙卷材泛水

女儿墙卷材泛水处理，关键是在女儿墙与屋面相交处铺贴卷材附加层。常见的做法是在

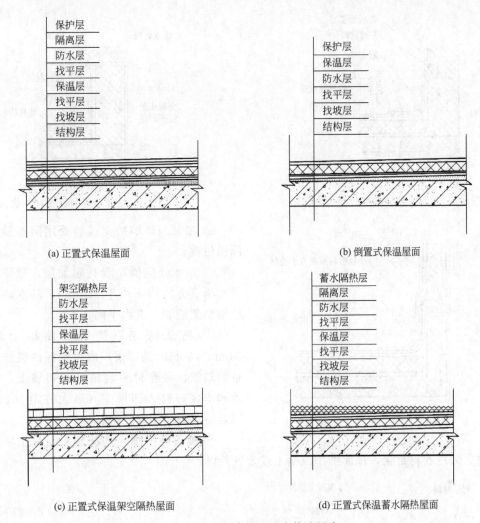

(a) 正置式保温屋面

(b) 倒置式保温屋面

(c) 正置式保温架空隔热屋面

(d) 正置式保温蓄水隔热屋面

图 2-1 卷材防水屋面基本构造层次

女儿墙内设立面凹槽作为卷材的收头。如图 2-2 所示，其要点如下。

① 砖墙上预留60mm×60mm的凹槽，距屋面不小于250mm，槽内用水泥砂浆抹成平整的斜坡。

② 卷材附加层的水平段一端伸入屋面不小于250mm，另一端铺贴到凹槽的斜坡上。待基本卷材层也铺贴至凹槽内后，再用压条和水泥钉钉入，将卷材固定在凹槽内。

③ 上端在凹槽内再用密封材料封口，水泥砂浆抹平。

第二种做法是，当女儿墙较低时可采用埋压收头。如图 2-3 所示，卷材收头直接铺至女儿墙压顶下，用压条及水泥钉固定，再用密封材料封闭严密，女儿墙压顶也做防水处理。

第三种做法是，在混凝土女儿墙上不便开凹槽时，便采用钉压收头。如图 2-4 所示，即在女儿墙上采用金属压条钉压卷材收头，并用密封材料封闭。

（2）屋面变形缝防水构造

如图 2-5 所示，屋面变形缝防水构造，分等高变形缝和高低跨变形缝，其做法要点如下。

① 变形缝两侧各砌矮墙一道；

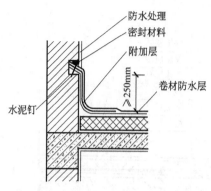

图 2-2 女儿墙卷材泛水凹槽收头

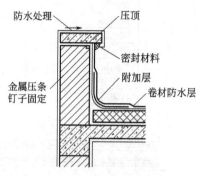

图 2-3 女儿墙卷材泛水埋压收头

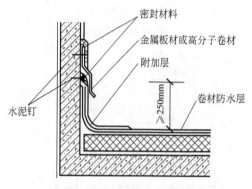

图 2-4 女儿墙卷材泛水钉压收头

② 屋面与矮墙的交接缝处用防水砂浆抹圆弧过渡；

③ 泛水处应铺贴卷材附加层，延伸至水平和垂直方向均不小于 250mm，基本防水层应铺贴至矮墙上沿水平面；

④ 高低跨变形缝在高跨墙上预留 60mm×60mm 的凹槽，内用水泥砂浆抹成平整的斜坡，将卷材一端粘贴到斜坡上，用压条和水泥钉钉入凹槽内（最大钉距 900mm）固定后，最后用密封材料封口；

⑤ 变形缝中填充泡沫塑料，其上填放衬垫材料，并用卷材封盖，顶部加扣混凝土或金属盖板。

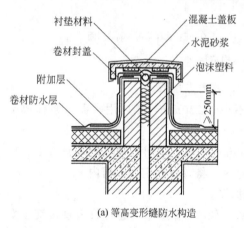

(a) 等高变形缝防水构造　　(b) 高低跨变形缝防水构造

图 2-5 屋面变形缝防水构造做法

（3）檐沟卷材防水做法

如图 2-6 所示，檐沟卷材收头，其做法要点如下。

① 屋面与檐沟交接处用防水砂浆抹圆角；

② 檐沟部位宜铺两层附加卷材，在屋面与檐沟的交接处应空铺 200mm 宽；

③ 卷材收头处用水泥钉钉固钢压条在混凝土沟帮上，通过压条将卷材端头压实，（最大钉距 900mm）端部用密封材料封口，最后抹水泥砂浆保护层。

（4）伸出屋面管道防水做法

如图 2-7 所示，伸出屋面管道，其做法要点如下。

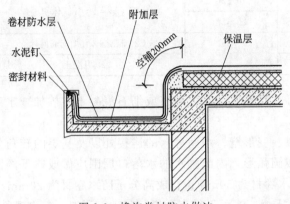

图 2-6 檐沟卷材防水做法

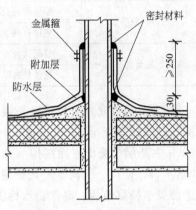

图 2-7 伸出屋面管道防水做法

① 管道周围找平层应做成圆锥台，以利迅速排水；

② 管道与找平层之间留 20mm×20mm 的凹槽，嵌填密封材料；

③ 加铺附加卷材增强层，延伸至水平和垂直方向不小于 250mm；

④ 铺完基本防水层后，收头处用金属箍箍紧，用密封材料封严。

（5）在坡面或垂直面上粘贴防水卷材，往往由于卷材本身重力大于粘结力而使卷材发生下滑现象，考虑克服基层变形的影响，此处卷材铺贴不宜采用提高卷材粘结力的方法，应采用金属压条钉压固定，并用密封材料封严。

（二）各类卷材防水屋面施工的共性要求

如前所述，屋面工程是一个完整的系统，一般包括屋面基层、找坡层、找平层、保温与隔热层、防水层和保护层等。屋面工程的施工也包括这些层次的施工，它们分别具有如下共性做法。

1. 找坡层施工

① 屋面结构层为装配式钢筋混凝土板时，嵌填混凝土的板缝内应清理干净，并保持湿润，当板缝宽度大于 40mm 或上窄下宽时，板缝用 C20 细石混凝土嵌填密实，板缝内应按设计要求配置钢筋，填缝高度宜低于板面 10~20mm，且应振捣密实和浇水养护。

② 找坡应按屋面排水方向和设计坡度要求进行，找坡层最薄处厚度不宜小于 20mm。

③ 找坡层宜采用轻骨料混凝土，其所用材料的质量及配合比应符合设计要求。找坡材料应分层铺设和适当压实，表面应平整和粗糙，并应适时浇水养护。表面平整度允许偏差 7mm。

2. 找平层施工

找平层做在结构层上面或找坡层、保温层上面起找平作用，表面平整度允许偏差 5mm，一般采用水泥砂浆或细石混凝土。施工环境温度不宜低于 5℃。

（1）找平层的性质要求

① 找平层的厚度及技术要求见表 2-5。

② 找平层宜留设分格缝，缝宽宜 5~20mm，缝中嵌密封材料，分格缝兼作排气道时，缝宽适当加宽，并应与保温层连通。分格缝宜留在板端缝处，当找平层采用水泥砂浆或细石混凝土时，其纵、横缝的最大间距不宜大于 6m。

表 2-5 找平层的厚度及技术要求

类别	基层种类	厚度/mm	技术要求
水泥砂浆找平层	整体现浇混凝土	15~20	水泥:砂=1:2.5(体积比)
	整体材料保温层	20~25	
细石混凝土找平层	装配式混凝土板	30~35	C20混凝土,宜加钢筋网片
	板状材料保温层		C20混凝土

③ 为了避免或减少找平层开裂,还可在找平层的水泥砂浆或细石混凝土中掺加减水剂和膨胀剂或抗裂纤维。

④ 在基层与突出屋面结构(如女儿墙、变形缝、烟囱等)的连接处以及基层的转角处(如落水口、檐口、天沟等)找平层应做成圆弧形,内部排水的水落口周围应做成略低的凹坑。圆弧半径取值为:高聚物改性沥青防水卷材为50mm;合成高分子防水卷材为20mm。

⑤ 找平层必须压实平整、坚固干净、干燥,表面不得有酥松、起砂、开裂、起皮现象。

(2)水泥砂浆找平层施工

水泥砂浆找平层是屋面防水工程中最常用的找平层类型,其施工操作要点和注意事项见表2-6。

表 2-6 水泥砂浆找平层施工操作

顺号	工序名称	操作要点	注意事项
1	基层处理	将结构层、保温层上的表面松散杂物清扫干净,凸出基层表面的硬物应剔平扫尽,对不易与找平层结合的基层应做界面处理	必须清扫干净,不能有残余灰尘,更不能留有残渣
2	管根封堵	大面积做找平层前,将出屋面的管根、支架根部应用水泥砂浆堵实和固定	转角处抹成半径不少于10cm的圆弧,而且顺直
3	洒水湿润	一般在抹水泥砂浆前进行,用洒水瓶适当洒水湿润基层表面即可	洒水不可过量,否则施工后窝住水气,使防水层产生空鼓
4	贴点标高、冲筋	拉线找坡,一般按1~2m贴灰饼,铺找平砂浆时,先按流水方向以间距1~2m冲筋,并设分格缝,宽度一般为20mm	有保温层时找平层分格缝应与保温层连通,分格缝间距不超过6m
5	铺装水泥砂浆	按分格块装灰、铺平、刮平,找坡后用木抹子搓平,铁抹子压光,待浮水沉失后,人踏上去有脚印但不下陷时,用铁抹子压第二遍即可成活	找平层水泥砂浆一般配合比为1:3,拌和稠度控制在7cm,成品不能过早上人
6	养护	抹平、压实24h后可浇水养护,一般养护期7天	必须洒水养护,经干燥后方可铺设防水层

(3)细石混凝土找平层施工

细石混凝土刚性好,强度大,适用于基层较松软的保温层上或结构刚度较差的装配式结构上,其施工操作要点和注意事项见表2-7。

表 2-7 细石混凝土找平层施工操作

顺号	工序名称	操作要点	注意事项
1	基层处理	将结构层、保温层上的表面浮浆、落地灰用钢丝刷清理干净,用扫帚将浮灰清扫干净	必须清扫干净,不能有残余灰尘,更不能留有残渣
2	找标高	根据水平标准线和设计厚度,在屋面墙柱上弹出找平层的上平标高控制线,按此线拉水平线抹找平墩,间距不大于2m	水平墩为60mm×60mm见方,与找平完成面同高,其混凝土与找平层相同

续表

顺号	工序名称	操作要点	注意事项
3	搅拌	投料顺序为：石子→水泥→砂→水，搅拌时间不少于 90s	精确控制配合比，采用机械搅拌，搅拌均匀
4	铺设与振捣	铺设前将基底洒水湿润，在基底上刷一道素水泥浆，随刷随将拌和好的混凝土从远处退往近处铺设，并用机械振捣器振捣密实	混凝土坍落度控制在 10mm，分格缝间距不宜超过 6m，缝宽 20mm
5	找平	以屋面墙柱上弹出找平层的上平标高控制线和找平墩为标志，检查平整度，用水平括杠刮平，最后用木抹子搓平	找平层表面必须平整，用 2m 长的靠尺检查，找平层与靠尺间的最大空隙不应超过 5mm
6	养护	施工完成后 12h 左右覆盖养护，一般养护期 7d	必须洒水养护，经干燥后方可铺设防水层

3. 保温层施工

（1）保温层及其保温材料

保温层应根据屋面所需传热系数或热阻选择轻质、高效的保温材料，保温层及其保温材料应符合表 2-8 的规定。

表 2-8　保温层及其保温材料

保温层	保温材料
板状材料保温层	聚苯乙烯泡沫塑料，硬质聚氨酯泡沫塑料，膨胀珍珠岩制品，泡沫玻璃制品，加气混凝土砌块，泡沫混凝土砌块
纤维材料保温层	玻璃棉制品，岩棉、矿渣棉制品
整体材料保温层	喷涂硬泡聚氨酯，现浇泡沫混凝土

（2）保温层的施工环境温度规定

干铺的保温材料可在负温度下施工；用水泥砂浆粘贴的板状保温材料不应低于 5℃；喷涂硬泡聚氨酯宜为 15～35℃，空气相对湿度宜小于 85%，风速不宜大于三级；现浇泡沫混凝土宜为 5～35℃。

（3）正置式保温屋面的隔汽层施工

因正置式保温屋面的保温层位于防水层之下，为了防止室内水蒸气通过室内顶棚侵入屋面保温层使其保温功能失效，以及保温层吸水后膨胀影响上部防水层，故需在结构层与保温层之间设置一道隔汽层。

① 隔汽层一般以结构层上的找平层为基层，施工前基层应进行清理。隔汽层应选用气密性、水密性好的材料，如卷材或涂料。

② 屋面周边隔汽层应沿墙面向上连续铺设，高出保温层上表面不得小于 150mm。

③ 采用卷材作隔汽层时，卷材宜空铺，卷材搭接缝应满粘；其搭接宽度不应小于 80mm；采用涂膜做隔汽层时，涂膜涂刷应均匀，涂层不得有堆积、起泡和露底现象。

④ 穿过隔汽层的管道周围应封闭严密，转角处应无折损。

（4）保温层施工技术要点

常见保温层施工技术要点见表 2-9。

表 2-9　常见保温层施工技术要点

保温层类型	施工要点
板状材料保温层	① 基层应平整、干燥、干净 ② 相邻板块应错缝拼接，分层铺设的板块上下层接缝应相互错开，板间缝隙应采用同类材料嵌填密实 ③ 采用干铺法施工时，板状保温材料应紧靠在基层表面上，并应铺平垫稳 ④ 采用粘接法施工时，粘接剂应与保温材料相容，板状保温材料应贴严、粘牢，在胶结剂固化前不得上人踩踏 ⑤ 采用机械固定法施工时，固定件应固定在结构层上，固定件的间距应符合设计要求
纤维材料保温层	① 纤维保温材料在施工时应避免压，并应采取防潮措施 ② 纤维保温材料在施工时，平面拼接缝应贴紧，上下层拼接缝应相互错开 ③ 屋面坡度较大时，纤维保温材料宜采用机械固定法施工
喷涂硬泡聚氨酯保温层	① 基层应平整、干燥、干净 ② 喷涂时喷嘴与施工基面的间距应由试验确定 ③ 喷涂硬泡聚氨酯的配比应准确计量，发泡厚度应均匀一致 ④ 一个作业面应分遍喷涂完成，每遍喷涂厚度不宜大于 15mm，硬泡聚氨酯喷涂后 20min 内严禁上人 ⑤ 喷涂作业时应采取防止污染的遮挡措施
现浇泡沫混凝土保温层	① 基层应清理干净，不得有油污、浮尘和积水 ② 泡沫混凝土应按设计要求的干密度和抗压强度进行配合比设计，拌制时应计量准确，并应搅拌均匀 ③ 泡沫混凝土浇筑出料口离基层的高度不宜超过 1m，泵送时应采取低压泵送 ④ 泡沫混凝土应分层浇筑，一次浇筑厚度不宜超过 200mm，终凝后应进行保湿养护，养护时间不得少于 7d

4. 卷材防水层施工

屋面防水卷材的铺贴方法有冷粘法、热粘法、热熔法、自粘法、焊接法。各种铺贴方法既有相同之处，也有各自的特殊性，现将它们的共性做法介绍如下。

（1）现场条件准备

卷材防水屋面施工前要具备下列现场条件。

① 现场贮料条件符合要求，设施完善。

② 屋面上的各种预埋件、支座、伸出屋面管道、水落口等设施已安装就位。

③ 找平层已检查验收，质量合格，含水率符合要求。

④ 垂直和水平运输设施能满足使用要求，安全可靠。

⑤ 消防设施齐全，安全设施可靠，劳保用品已能满足施工操作人员的需要。

⑥ 气候条件能满足铺贴卷材的需要。屋面防水施工为露天作业，故受天气变化影响较大，屋面防水层严禁在雨天、雪天和五级风及其以上时施工。施工环境气温宜符合表 2-10 的要求。

表 2-10　屋面防水层施工环境气温要求

施工项目		施工环境气温
卷材防水层		热熔法、焊接法不宜低于 -10℃ 冷粘法、热粘法不宜低于 5℃ 自粘法不宜低于 10℃
接缝密封防水材料施工	改性沥青材料	0～35℃
	合成高分子材料	溶剂型 0～35℃；乳胶型及反应型 5～35℃

（2）防水卷材铺贴的共同要求

① 铺贴顺序　高低跨连体屋面，应先铺高跨后铺低跨，同高度大面积屋面由屋面最低标高处开始向上铺贴。

② 铺贴方向　檐口、天沟卷材施工时，宜顺檐口、天沟方向铺贴；搭接缝应顺流水方向。卷材宜平行屋脊铺贴，上下层卷材不得相互垂直铺贴。

③ 附加防水层　卷材防水屋面出现渗漏等质量问题大多发生在女儿墙、檐沟墙、变形缝、天窗根、管道根与屋面的交接处及檐口、天沟、雨水口、屋脊等节点部位。故卷材防水屋面的施工应按设计要求首先做好这些部位增设的附加防水层施工，并重点做好这些部位的防水处理，然后再进行大面防水层施工。附加防水层可采用防水卷材或涂料。当采用卷材时，其附加的范围一般为节点及周边扩大 250mm 内，其附加层的最小厚度见表 2-11；当采用涂料时，附加的范围一般为节点及周边扩大 200mm 内，涂刷前先用电动搅拌器搅拌均匀，刮涂 2～3 遍，总厚度 1.5mm 以上为宜，经固化 24h 以上才能进行下道工序。

表 2-11　附加层卷材最小厚度　　　　　　　　　　　单位：mm

附加层材料	最小厚度
合成高分子防水卷材	1.2
高聚物改性沥青防水卷材（聚酯胎）	3.0

④ 卷材搭接要求　如图 2-8 所示，卷材平行于屋脊铺贴，其搭接缝应顺流水方向，同一层相邻两幅卷材短边搭接缝错开不应小于 500mm；叠层铺设的卷材，上下两层的长边搭接缝要错开，且不应小于 1/3 幅宽；在天沟与屋面的连接处应采取交叉法搭接，搭接缝错开，接缝处宜留在屋面或天沟侧面，不宜留在沟底。卷材搭接缝宽度应符合表 2-12 的规定。

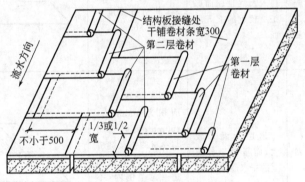

图 2-8　卷材平行于屋脊铺贴　单位：mm

表 2-12　卷材搭接缝宽度　　　　　　　　　　　单位：mm

卷材类别		搭接缝宽度
合成高分子防水卷材	胶黏剂	80
	胶粘带	50
	单缝焊	60,有效焊接宽度不小于 25
	双缝焊	80,有效焊接宽度 10×2＋空腔宽
高聚物改性沥青防水卷材	胶黏剂	100
	自粘	80

（3）卷材与基层的粘贴方案

卷材与基层的粘贴方案可分为满粘法、空铺法、条粘法、点粘法或机械固定法等形式，见表2-13。卷材与基层间通常都采用满粘法，当防水层上有重物覆盖或基层变形大、找平层干燥有困难的屋面以及对于屋面上预计可能产生基层开裂的部位，如板端缝、分格缝、构件交接处、构件断面变化处等部位，宜采用空铺法、条粘法、点粘法或机械固定法。并且必须提醒的是，即使卷材与基层间采用非满粘法铺贴方案，在防水层周边一定范围（一般不小于800mm）卷材与基层也应采用满粘法粘接牢固。在采用两层卷材叠层防水时，无论卷材与基层采用何种粘贴方法，卷材与卷材之间（包括接缝）均应采用满粘法。另外，在立面或大坡面铺贴卷材时均应采用满粘法，并宜减少卷材的短边搭接。

表 2-13　卷材与基层的粘贴方法

名称	特点	应用	技术要求	图示
满粘法	卷材与基层间全部粘贴，但基层因收缩、负重受力产生的裂缝容易把满粘的卷材拉断	适于屋面面积小、屋面结构变形不大，找平层干燥时	要考虑满粘后不被基层产生的裂缝拉断，胶黏剂涂刷均匀，不露底，不堆积；排尽卷材下的空气，并辊压牢固	首层卷材 胶结材料
空铺法	卷材仅在卷材周边一定宽度内与基层粘贴，其余部分不粘贴，卷材不受基层开裂制约，施工工期短，降低造价，但防水功能受一定影响	适用于基层湿度过大，找平层的水蒸气难以由排气道排入大气且屋面保护层较重的上人屋面	铺贴时，应在檐口、屋脊和屋面的转角处，突出屋面的连接处，卷材与基层应满涂胶接材料，其粘接宽度不得小于800mm，卷材与卷材的搭接缝也应满粘	首层卷材 胶结材料
点粘法	卷材或打孔卷材与基层采用点状粘接，但操作较复杂	适用于温差较大，而基层十分潮湿的排气屋面	每1m²粘贴不少于5个点，每点面积为100mm×100mm；此时卷材与卷材的搭接缝应满粘，而防水层周边一定范围内（不得小于800mm），也应与基层满粘牢固	首层卷材 胶结材料
条粘法	只在卷材长向搭边处和基层粘贴，是介于满铺和空铺之间的一种做法	适用于温差较大，而基层十分潮湿的排气屋面	每幅卷材与基层的粘贴面积不少于两条，每条宽度不小于150mm。卷材与卷材的搭接缝应满粘，而防水层周边800mm内也应与基层满粘牢固	首层卷材 胶结材料

续表

名称	特点	应用	技术要求	图示
机械固定法	使用专用螺钉、垫片、压条及其他配件将卷材固定在基层上的施工方法	适用于在坡度较大和垂直面上粘贴防水卷材时，不适于固定件无法固定或难以打入的基层	固定件设置在卷材搭接缝内，外露固定件应用卷材封严，卷材搭接缝应粘贴或焊接牢固，密封应严密，防水层周边 800mm 范围内应满粘牢固	粘结剂　立墙　热风焊接　螺钉　防水卷材

5. 隔离层施工

块体材料、水泥砂浆、细石混凝土保护层与防水层之间应设置隔离层，以防止这些刚性保护层材料的自身收缩或温度变化影响，直接拉伸防水层，使防水层疲劳开裂而发生渗漏。隔离层材料的适用范围和技术要求宜符合表 2-14 的规定。干铺塑料膜、土工布、卷材可在负温下施工，铺抹低强度等级砂浆宜为 5～35℃。隔离层不得有破损和漏铺现象，干铺塑料膜、土工布、卷材时，其搭接宽度不应小于 50mm，铺设应平整，不得有皱褶；低强度等级砂浆铺设时，表面应平整、压实，不得有起壳、起砂现象。

表 2-14　隔离层材料的适用范围和技术要求

隔离层材料	适用范围	技术要求
塑料膜	块体材料、水泥砂浆保护层	0.4mm 厚聚乙烯膜或 3mm 厚发泡聚乙烯膜
土工布	块体材料、水泥砂浆保护层	200g/m² 聚酯无纺布
卷材	块体材料、水泥砂浆保护层	石油沥青卷材一层
低强度等级砂浆	细石混凝土保护层	10mm 厚黏土砂浆，石灰膏∶砂∶黏土＝1∶2.4∶3.6
		10mm 后石灰砂浆，石灰膏∶砂＝1∶4
		5mm 厚掺有纤维的石灰砂浆

6. 保护层施工

保护层的作用是保护防水层不直接受阳光紫外线照射或酸雨等侵害以及人为的破坏。保护层和隔离层的施工应在防水层经检查合格后进行。施工前，防水层或保温层的表面应平整干净；施工时，应避免损坏防水层或保温层。

上人屋面保护层可采用块体材料、细石混凝土等材料，不上人屋面保护层可采用彩色涂料、铝箔、矿物粒料、水泥砂浆等材料。保护层材料的适用范围和技术要求宜符合表 2-15 的规定。

表 2-15　保护层材料的适用范围和技术要求

保护层材料	适用范围	技术要求	施工要点
浅色涂料	不上人屋面	丙烯酸系反射涂料	应与防水层粘贴牢固，宜多遍涂刷，厚薄均匀，不得漏涂。涂层表面应平整，不得流淌和堆积。当防水层为涂膜时，该保护层应在涂膜固化后进行
铝箔	不上人屋面	0.05mm 厚铝箔反射膜	搭接处必须用专用粘贴胶带密封，粘接牢固，无虚粘现象，应尽量使粘贴带处在搭接处的居中位置

续表

保护层材料	适用范围	技术要求	施工要点
矿物粒料	不上人屋面	不透明的矿物粒料	随刮涂冷玛蹄脂随撒铺筛去粉料的云母或蛭石。撒铺应均匀，不得露底，待溶剂基本挥发后，再将多余的云母或蛭石清除
水泥砂浆	不上人屋面	20mm 厚 1：2.5 或 M15 水泥砂浆	表面应抹平压光，不得有裂纹、脱皮、麻面、起砂等缺陷。并应设表面分格缝，分格面积宜为 1m²
块体材料	上人屋面	地砖或30mm 厚 C20 细石混凝土预制块	保护层宜留设分格缝，其纵横间距不宜大于 10m，分格缝宽度不宜小于 20mm，缝内嵌填密封材料。块体间应保留 10mm 的缝隙，用 1：2 水泥砂浆勾缝
细石混凝土	上人屋面	40mm 厚 C20 细石混凝土或50mm 厚 C20 细石混凝土内配φ4@100 双向钢筋网片	设分格缝其纵横间距不宜大于 6m，分格缝宽度宜为 10～20mm。混凝土用人工振捣密实，不宜留施工缝，当施工间隙超过时间规定时，应对接槎进行处理。表面抹平压光，不得有裂纹、脱皮、麻面、起砂等缺陷

注：块体材料、水泥砂浆、细石混凝土保护层与女儿墙、山墙之间，应预留宽度为 30mm 的缝隙，缝内填堵塞聚苯乙烯泡沫塑料，并应用密封材料嵌填。

7. 架空隔热层施工

① 架空隔热层的高度宜 180～300mm。

② 当屋面宽度大于 10m 时，应在屋面中部设置通风屋脊，通风处应设置通风箅子 [见图 2-9(a)]。

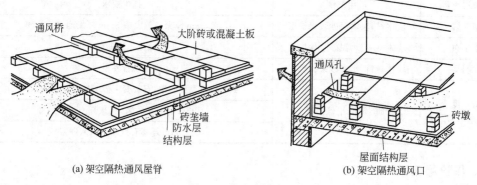

(a) 架空隔热通风屋脊　　　　(b) 架空隔热通风口

图 2-9　架空隔热层

③ 架空隔热制品支座底面的卷材防水层应采取加强措施，一般采用垫上一条防水卷材。

④ 架空隔热制品质量：非上人屋面所用砌块强度等级不应低于 MU7.5，上人屋面所用砌块强度等级不应低于 MU10；混凝土板的强度等级不应低于 C20，板厚及配筋应符合设计要求。

⑤ 架空隔热制品铺设质量：应平整、稳固，距山墙或女儿墙不得小于 250mm，缝隙勾缝应密实，接缝高低差允许偏差 3mm [见图 2-9(b)]。

二、任务 1　冷粘法铺贴屋面防水卷材

冷粘法是指在通常施工环境温度下，采用胶黏剂（带）将卷材与基层或卷材之间粘接的施工方法。此法适用于合成高分子防水卷材以及施工现场严禁使用明火时的高聚物改性沥青防水卷材的铺贴。

（一）施工准备

1. 技术准备

① 组织学习、讨论施工方案，对参加施工的人员进行技术交底，包括进行工艺技术的介绍，进行施工管理、施工技术、施工安全、成品保护等方面的交底，明确每个施工人员的岗位责任。

② 确定质量检验程序、检验内容、检验方法。其中防水层的检查项目包括：是否渗漏、积水，防水层的厚度、层次，胶黏剂的涂刷厚度，卷材的搭接方向、顺序、宽度，粘接的牢固程度，密封的完好性，泛水、檐口、变形缝等细部节点的构造等。

③ 布置做好施工记录：包括工程基本状况、施工状况记录，工程检查与验收所需资料等。

2. 材料准备

冷粘法铺贴屋面防水卷材应准备的主要材料包括防水卷材、基层处理剂、胶黏剂等。

（1）防水卷材

如前所述，防水卷材供应的品种较多，防水卷材在各种不同类型的屋面、不同的工作条件、不同的使用环境中，由于气候、温差的变化、阳光紫外线的辐射、酸雨的侵蚀、结构的变形、人为的破坏等，都会给防水卷材带来一定程度的危害。所以，应根据建筑物的建筑造型、使用功能、环境条件选择其相应的防水卷材。如外露使用的防水层，应选用耐紫外线、耐老化、耐候性好的防水材料；上人屋面，应选用耐霉变、拉伸强度高的防水材料；长期处于潮湿环境的屋面，应选用耐腐蚀性、耐霉变、耐穿刺、耐长期水浸等性能的防水材料；薄壳、装配式结构，钢结构及大跨度建筑屋面，应选用耐候性好、适应变形能力强的防水卷材；倒置式屋面应选用适应变形能力强、接缝密封保证率高的防水材料。

卷材防水屋面的材料用量以实际施工面积为依据计算，计算实际施工面积时不扣除屋面上的烟囱、风道、斜沟所占面积，屋面女儿墙的弯起向上部分可按 250mm 计算，卷材屋面的附加层、接缝、收头、找平层的嵌缝不另计算。卷材用量一般按实际施工面积的 1.2 倍左右准备。

（2）基层处理剂

基层处理剂应与卷材相融，高聚物改性沥青卷材对应的基层处理剂可采用石油沥青冷底子油或橡胶改性沥青冷胶黏剂稀释液；而合成高分子卷材必须采用卷材生产厂家随卷材配套供应的基层处理剂。

（3）胶黏剂（带）

胶黏剂或胶黏带也应与卷材相融，高聚物改性沥青卷材对应的胶黏剂可采用橡胶改性沥青冷胶黏剂或卷材生产厂家指定产品；而合成高分子卷材必须采用卷材生产厂家随卷材配套供应的产品。表 2-16 列出了常用合成高分子卷材所用的胶黏剂。

表 2-16 常用合成高分子卷材胶黏剂

卷材名称	基层与卷材胶黏剂	卷材与卷材胶黏剂	表面保护层涂料
三元乙丙橡胶防水卷材（EPDM）	CX-404 胶	丁基粘接剂A、B组分（1∶1）	水乳型醋酸乙烯-丙烯酸酯共聚，油溶型乙丙橡胶和甲苯溶液
氯化聚乙烯防水卷材	BX-12 胶黏剂	BX-12 组分胶黏剂	水乳型醋酸乙烯-丙烯酸酯共聚，油溶型乙丙橡胶和甲苯溶液

卷材名称	基层与卷材胶黏剂	卷材与卷材胶黏剂	表面保护层涂料
LYX-603 氯化聚乙烯卷材	LYX-603-3(3 号胶)甲乙组分	LYX-603-3(2 号胶)	LYX-603-3(1 号胶)
氯化聚乙烯卷材	FL-5 型(5～15℃时使用) FL-15 型(5～45℃使用)	—	—

合成高分子卷材与卷材之间搭接粘接和封口粘接也可采用粘接密封胶带,市场供应有双面胶带和单面胶带,一般采用双面胶带。

（4）施工材料参考用量

根据实践经验,现以冷粘法铺贴单层三元乙丙橡胶防水卷材为例,列出材料参考用量,见表 2-17。

表 2-17　冷粘法铺贴单层三元乙丙橡胶防水卷材材料参考用量表

材料名称	用途	供应方式	用量
防水卷材	屋面防水层	卷状	120m²
聚氨酯底胶	基层处理剂	甲料:18kg/桶	16kg
		乙料:17kg/桶	31kg
CX-404 胶	基层与卷材之间粘贴用	黄色混浊胶体 15kg/桶	41kg
丁基胶黏剂	卷材接缝之间粘贴用	A、B 料均 17kg/桶	10kg
表面着色剂	表面着色	17kg/桶	20kg
聚氨酯密封膏	接缝增补密封剂	—	10kg
107 胶素水泥浆	卷材末端收头压缝		0.01m³
二甲苯	基层处理剂的稀释剂和施工机具的清洗剂		27kg
乙酸乙酯	擦洗手和被胶黏剂等材料污染的部位	—	5kg

注:表中所列用量为满粘法每 100m² 材料用量。

【例 2-1】　某 480m² 屋面,冷粘法铺贴单层三元乙丙橡胶防水卷材,计算材料用量。

解:根据表 2-17 材料参考用量表计算如下。

（1）三元乙丙橡胶防水卷材:120×4.80=576(m²)

（2）聚氨酯底胶:甲料 16×4.80=76.8(kg);乙料 31×4.80=148.8(kg)

（3）CX-404 胶:41×4.80=196.8(kg)

（4）丁基胶粘剂:10×4.80=48(kg)

（5）表面着色剂:20×4.80=96(kg)

（6）聚氨酯密封膏:10×4.80=48(kg)

（7）107 胶素水泥浆:0.01×4.80=0.048(kg)

（8）二甲苯:27×4.80=129.6(kg)

（9）乙酸乙酯:5×4.80=24(kg)

3. 施工机具及防护用品准备

冷粘法铺贴防水卷材主要施工机具见表 2-18。所备主要防护用品见表 2-19。

表 2-18 冷粘法铺贴屋面防水卷材主要施工机具（每施工班组）

机具名称	规格	数量	用途
高压吹风机	300W	1台	清理基层用
扫帚	普通	3把	清理基层用
小平铲	小型	2把	清理基层用
长柄刷	棕刷或橡皮刷	2把	涂刷基层处理剂用
电动搅拌器	300W	1台	搅拌胶黏剂等用
滚动刷	60mm×300mm	4把	涂布胶黏剂用
铁桶	20L	2个	装胶黏剂用
扁平辊	—	2个	转角部位压实卷材
手辊	—	2个	压实卷材（垂直部位）
大型辊	30kg重	1个	压实卷材（平面）
剪刀	普通	3把	剪裁卷材用
皮卷尺	50m	1把	度量尺寸用
钢卷尺	2m	4个	度量尺寸用
铁管	30mm×1500mm	1根	铺贴卷材用
小线绳	—	50m	弹基准线用
彩色笔	—	1支	弹基准线
粉笔	—	1盒	做标记用

表 2-19 冷粘法铺贴屋面防水卷材主要防护用品

名　称	配置数量及用途	名　称	配置数量及用途
工作服	每人一套	护脚	每人一双
安全帽	每人一顶	安全绳	高空作业人员配用
防护眼镜	每人一副	防毒口罩	接触苯类、丙酮、石棉等操作时使用
手套	每人一副	清洗剂	共用

（二）检查及清理找平层

① 平整度的检查。用 2m 长的靠尺检查，找平层与靠尺间的最大空隙不应超过 5mm，而且空隙变化平缓，在每米长度内不得多于一处。

② 检查找平层与突出屋面结构的连接处以及转角处的过渡圆弧，是否有遗漏，是否符合要求。

③ 若发现表面有空鼓、脱落、裂缝等缺陷部位，应进行返工或修补。

④ 将找平层上的杂质、灰尘清理干净。先剔除找平层上隆起的异物、水泥砂浆残渣，再进行清理，最后洒水清扫。

⑤ 检查找平层的干燥性。其方法是，将 $1m^2$ 卷材铺在找平层上，静置 3～4h 后掀开，覆盖部位与卷材上未见水印者为合格。

（三）卷材防水层施工

这里以三元乙丙橡胶防水卷材（EPDM）为对象，介绍冷粘法施工卷材防水层。其操作工艺流程如下。

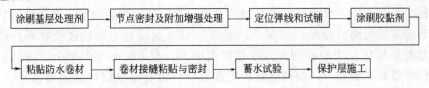

1. 涂刷基层处理剂

应按产品说明书配套使用，准确计量，使用前按要求加稀释剂稀释搅拌均匀，一般在混合后宜搅拌 3～5min。先将边角、管根、雨水口等节点部位涂刷一遍，然后再大面积涂刷。涂刷要薄而均匀，不得有空白、麻点、气泡。涂刷动作迅速，一次涂好，切忌反复涂刷。其涂刷要点见表 2-20。如基层处理剂涂刷后但尚未干燥前受雨淋或干燥后长期不进行防水层施工，则在防水层施工前必须再涂刷一层基层处理剂。

表 2-20　基层处理剂涂刷要点

基层处理剂名称	材料要求	涂刷要点	干燥要求
聚氨酯底胶	甲料∶乙料∶二甲苯＝1∶1.5∶3	用电动搅拌器搅拌均匀,再用长柄滚刷涂刷在基层上。涂布量一般为0.15～0.20kg/m² 为宜,不得见白露底	经干燥 4h 以上才能进行下道工序
阳离子氯丁胶乳	含固量为 40%,pH 值为 4,黏度为 0.01Pa·s	用喷浆机喷涂,要求厚薄均匀	12h 左右

2. 节点密封及附加增强处理

涂刷基层处理剂后，先要做好诸如女儿墙泛水、水落口、管板根、檐口，阴阳角等细部的附加层，可采用与大面铺贴同材质防水卷材，也可采用防水涂料，按产品说明进行配料。

3. 定位弹线和试铺

每幅卷材粘贴位置必须准确，先按卷材的铺贴布置，在找平层上弹出定位基准线并划线，然后试铺卷材。按要求搭接铺贴，定位弹线和试铺时要考虑卷材的搭接尺寸，搭接缝宽度符合表 2-12 的要求。高分子防水卷材其搭接缝宽度：采用胶黏剂为 80mm，采用胶黏带为 50mm。

4. 涂刷胶黏剂

需将胶分别涂刷在基层及防水卷材的表面。基层按事先弹好的位置线用长柄滚刷涂刷，同时将卷材平置于施工面旁边的基层上，用湿布除去卷材表面的浮灰，划出长边及短边各不涂胶的接缝部位，可根据需要采用满粘、条粘、点粘、空铺等粘贴方案，然后在其表面涂刷胶黏剂。涂刷时，按一个方向进行，厚薄均匀，不漏底，不堆积。如图 2-10 所示。

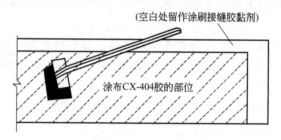

图 2-10　卷材表面涂刷基层胶黏剂

5. 粘贴防水卷材

基层及防水卷材分别涂胶后，晾干约 20min，手触不粘即可进行粘接。操作方法有抬铺法和滚铺法。抬铺法是指操作人员将刷好胶黏剂的卷材抬起，使刷胶面朝下，将始端贴粘在定位线部位，然后沿基准线向前粘贴，如图 2-11 所示。滚铺法则是将涂刷过胶黏剂并达到干燥要求的卷材卷起成筒状，涂胶面朝外，在卷筒内插入一根 φ30mm×1500mm 的钢管，由两人分别手持钢管将卷材抬起，一端粘贴在预定部位，再沿着基准线向前滚铺在基层上，如图 2-12 所示。

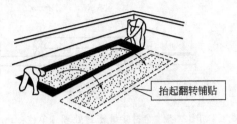

图 2-11　抬铺法铺贴卷材

图 2-12　滚铺法铺贴卷材

无论采用哪种操作法粘贴，卷材均不得拉伸，并随即用外包橡胶的胶辊用力向前、向两侧滚压（参见图 2-13），排除空气，使两者粘接牢固。

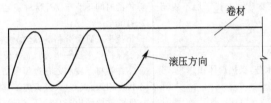

图 2-13　排气滚压方向

6. 卷材接缝粘贴与密封

（1）搭接部位卷材翻开临时固定

卷材接缝宽度范围内（采用胶黏剂为 80mm），在搭接部位的上表面，顺边每隔 0.5～1m 处涂刷少量胶黏剂，待其基本干燥后，将搭接部位的卷材翻开，先做临时固定。如图 2-14 所示。

（2）涂刷胶黏剂

用油漆刷将配制好的胶粘剂均匀涂刷在卷材接缝部位的两个粘接面上，涂胶量一般以 0.5～0.8kg/m² 为宜，涂胶后 20min 左右指触不粘，即可进行粘贴。粘贴从一端顺卷材长边方向至短边方向进行，一边粘贴，一边驱除接缝中的空气，并用手持压辊滚压，使卷材粘牢。当合成高分子卷材的搭接部位采用胶黏带粘接时，粘合面应清理干净，必要时可涂刷与卷材及胶粘带材性相容的基层胶黏剂，撕去胶粘带隔离纸后应及时粘合接缝部位的卷材，并应辊压粘接牢固。

（3）卷材接缝密封

卷材末端的接缝及收头处可用聚氨酯密封膏或氯磺化聚乙烯密封膏嵌封严密，宽度不小于 10mm，并用掺有水泥用量 20%的 107 胶的水泥砂浆进行压缝处理，以防止接缝、收头处剥落。如图 2-15。

（四）蓄水试验

防水层施工完毕后，按要求检查屋面有无渗漏、积水和排水系统是否畅通。有条件做蓄水试验的平屋面，可采用蓄水试验，蓄水深度宜大于 50mm，蓄水时间不宜少于 24h；对于无蓄水条件的坡屋面可采用持续淋水试验，持续淋水时间不少于 2h，屋面无渗漏和积水，排水系统通畅为合格。

（五）常见施工质量问题及防治措施

冷粘法施工屋面防水卷材常见质量问题及防治措施见表 2-21。

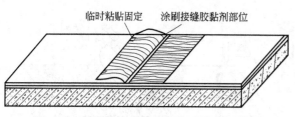

图 2-14　搭接部位卷材翻开临时固定与涂刷

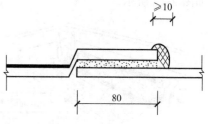

图 2-15　卷材接缝密封处理　单位：mm

表 2-21　冷粘法施工屋面防水卷材常见质量问题及防治措施

问题	原因分析	防治措施
卷材开裂	产生无规则裂缝，主要是由于找平层不规则开裂造成	①确保找平层的质量，找平层按要求留分格缝，找平层洒水养护的时间不少于 7d，卷材铺贴与找平层相隔时间宜控制在 7~10d ②找平层宜留分格缝，缝宽 20mm，间距不宜大于 6m
卷材起鼓	卷材防水层内窝有水分，受热后体积膨胀，形成大小不等的鼓泡	①保持找平层平整、清洁、干燥 ②在卷材运输和贮存过程中防止卷材受潮，避免水分浸入，不得在雨天、大雾、大风天施工，防止基层受潮后粘卷材 ③卷材铺贴应先高后低，先远后近，分区段流水施工
	在卷材防水层施工中，由于铺贴时压实不紧，残留的空气未全部赶出而鼓泡	胶黏剂涂刷要均匀、不堆积，涂胶后，晾干手触不粘贴才可粘贴，并用压辊滚压，排除卷材下面的残余空气
天沟漏水	天沟纵向坡度太小（小于 5‰）甚至比雨水斗高于天沟面，天沟堵塞，排水不畅，水落口杯没有紧贴基层	①天沟按设计拉线找坡，纵向坡度不小于 5‰，水落口周围直径 500mm 范围内不小于 5‰，水落口杯与基层接触处有 20mm×20mm 凹槽，嵌填密封材料 ②水落口杯应比天沟周围低 20mm，安放时紧于基层上
	水落口周围卷材粘贴不紧，密封不严，或附加防水层标准太低	水落口杯与基层接触部位，除用密封材料封严外，还应按设计要求增加卷材附加层数
檐口漏头	檐口泛水处卷材与基层粘结不牢，檐口处收头密封不严	泛水处卷材应采取满粘法工艺，确保卷材与基层粘接牢固
卷材破损	①基层清扫不干净，残留砂粒或小石子 ②施工人员穿硬底鞋或带铁钉的鞋子 ③在防水层上做保护层施工时，用手推车在防水层上运输 ④架空隔热板屋面施工时，直接在防水层上砌砖墩，沥青防水卷材在高温时变形被上部重量压破	①卷材防水层施工前，多次清扫，遇五级以上大风停止施工 ②施工人员必须穿软底鞋，无关人员不准在铺好的防水层上任意行走踩踏 ③运输手推车必须包裹柔软橡胶或麻布 ④在倾倒保护层材料时，运输通道必须铺设垫板，保护卷材防水层 ⑤铺砌砖墩时，应在砖墩下加垫一方块卷材，并均匀铺砌

（六）施工质量检验

屋面卷材防水层检验批施工质量验收标准详见表 2-22。

表 2-22　屋面卷材防水层检验批施工质量验收标准

检验项目	检验标准	检验方法
主控项目	防水卷材及其配套材料的质量，应符合设计要求	检查出厂合格证、质量检验报告和进场检验报告
	卷材防水层不得有渗漏或积水现象	雨后观察或淋水、蓄水试验
	卷材防水层及其变形缝、天沟、沟檐、檐口、泛水、变形缝和伸出屋面管道的防水构造，应符合设计要求	观察检查

检验项目	检验标准	检验方法
一般项目	卷材防水层的搭接缝应粘接牢固、密封严密,不得扭曲、皱折和翘边	观察检查
	防水层的收头应与基层粘接,钉压应牢固,密封应严密	观察检查
	卷材的铺贴方向应正确,卷材搭接宽度允许偏差-10mm	观察与尺量检验
	屋面排气构造的排气道应纵横贯通,不得堵塞。排气管应安装牢固,位置应正确,封闭应严密	观察检查

三、任务 2　热熔法铺贴改性沥青屋面防水卷材

热熔法铺贴防水卷材,是指用火焰加热,并将熔化型防水卷材底层的热熔胶(改性沥青)熔化,趁热将卷材铺贴在基层上的一种施工方法。这种铺贴方法既不需胶黏剂,减少了环境污染,又简化了施工工艺,提高作业效率。是一种比冷粘法较为经济的施工方法。

(一)施工准备

1. 技术准备

同冷粘法铺贴屋面防水卷材的相应部分。

2. 材料准备

(1)卷材

改性沥青防水卷材品种在表 1-1 中已作了介绍。目前市场上最常用的是"SBS"和"APP"这两个品种。

采用热熔法施工所购的卷材必须是热熔型卷材,该类卷材在工厂生产过程中底面涂有一层软化点较高的改性沥青热熔胶。另外,规范规定厚度小于 3mm 的高聚物改性沥青防水卷材,因卷材较薄热熔施工时容易造成卷材破损,故严禁采用热熔法施工。

(2)基层处理剂

改性沥青防水卷材的基层处理剂,即卷材与找平层间的底胶,可采用冷底子油,也可采用卷材生产厂家配套供应的基层处理剂。

(3)热熔法施工材料参考用量

根据实践经验,现列出热熔法施工材料参考用量,见表 2-23。

表 2-23　高聚物改性沥青防水卷材热熔法施工材料参考用量

做　法	卷材/m²	冷底子油/kg	沥青/kg	溶剂/kg	汽油/kg	液化气/瓶
冷底子油一道	—	(49)	15	34	—	—
铺贴单层改性沥青卷材	120	—	—	—	40	0.7

注:1. 表中数据为每 100m² 施工面积所需材料参考用量。

2. 燃料品种视选用加热器品种而定,选其中一种配料。

【例 2-2】 某屋面防水铺贴面积 640m²,做单层高聚物改性沥青卷材防水层,热熔法铺贴,计算各种材料用量。

解:按表 2-24 材料用量定额计算如下。

(1)卷材用量:$120 \times 6.40 = 768$(m²)

(2)冷底子油用量:$49 \times 6.40 = 313.6$(kg)。其中沥青用量:$15 \times 6.40 = 96$(kg),溶

剂用量：$34 \times 6.40 = 217.6$（kg）

（3）汽油用量：$40 \times 6.40 = 256$（kg）

（4）液化气用量：$0.7 \times 6.40 = 4.48$（瓶）

3. 施工机具准备

热熔法施工工具及防护用品见表 2-24。

表 2-24　高聚物改性沥青防水卷材热熔法施工常用工具

工具名称	规格	数量	用途
空气压缩机	0.6m/min	1 台	清理基层
棕扫帚	普通	3 把	清理基层
小平铲	小型	2 把	清理基层
钢丝刷	普通	4 把	清理基层
长柄刷	棕刷或胶皮刷	2 把	涂刷冷底子油
剪刀	普通	1 把	裁剪卷材
彩色粉袋	—	1 个	弹基准线
粉笔	—	1 盒	做标记
钢卷尺	2m	1 把	度量尺寸
皮卷尺	50m	1 把	度量尺寸
火焰加热器	喷灯或专用喷枪	3 支	烘烤卷材
手持压辊	$\phi40mm \times 50mm$	2 个	压实卷材
铁辊	300mm 长，30kg 重	1 个	压实卷材
扁平压辊	普通	2 个	压实阴、阳角卷材
刮板	胶皮刮板	2 个	推刮卷材及刮边
隔热板	木制 1400mm×400mm×10mm	2 个	加热卷材末端隔热
烫板	铁制普通	2 个	熔烧搭接隔离层
铁锤	普通	1 把	卷材收头钉水泥钉
干粉灭火器	—	5～10	消防备用
手推车	—	2	搬运工具

注：表中数量为每施工班组用量。

（二）检查及清理找平层

检查及清理方法同冷粘法铺贴屋面防水卷材中的"检查及清理找平层"部分。

（三）卷材防水层施工

1. 涂刷基层处理剂

高聚物改性沥青卷材施工中涂刷基层处理剂可采用石油沥青冷底子油或橡胶改性沥青冷胶黏剂稀释液。涂刷时，按一个方向进行，厚薄均匀，不漏底，不堆积。一般需在涂刷 4h 左右后，再进行下道工序施工。

2. 节点密封及附加增强处理

涂刷基层处理剂后，便要做好诸如女儿墙泛水、水落口、管板根、檐口、阴阳角等细部的附加层，附加的范围一般为节点及周边扩大 250mm 内，通常做法是铺贴一层与大面卷材同材质的附加卷材；也可采用涂膜附加层，即先均匀涂刷一层厚度不小于 1mm 的弹性沥青胶黏剂，随即粘贴一层聚酯纤维无纺布，再在布上再涂一层 1mm 厚的胶黏剂。

3. 定位弹线和试铺

高聚物改性沥青防水卷材通常只是单层设防，因此每幅卷材粘贴位置必须准确。要考虑卷材的搭接长度，用彩色粉袋弹出基准线及卷材铺贴边线，在热熔施工点火前按弹线进行试铺复核。

4. 热熔法施工

热熔法具体的操作工法有滚铺法和展铺法两种。

（1）热熔法滚铺操作

① 操作程序　如图 2-16 所示，滚铺法一般以 4 人为 1 小组，分别进行加热、滚铺、排气收边、压实工序。

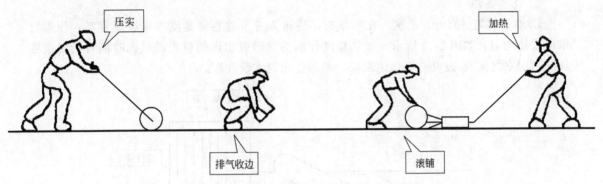

图 2-16　滚铺法铺贴热熔卷材人员组合与分工

第一步　点火。预先把成卷的卷材抬至开始铺贴位置，展开卷材端部 1m 左右，对好长短边的搭接缝线。手持喷枪，缓慢旋开喷枪开关，当听到燃气喷出的嘶声，即可点燃火焰，通过调节开关（不宜过大），使火焰呈蓝色，点火人员应站在喷头的侧后面，不可正对喷头。

第二步　固定端部卷材。

a. 一人拉起展开的卷材端部（站在卷材的正面一侧），另一人持喷枪站在卷材背面一侧（即待加热面）将喷枪火焰对准卷材与基面交接处，同时加热卷材底面粘胶层和基层，此时提卷材端头者把卷材稍微前倾，并且慢慢放下卷材，平铺在规定的基层位置上，如图 2-17 所示。

图 2-17　热熔法卷材端部粘贴

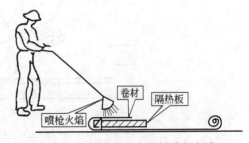

图 2-18　热熔法固定卷材端部末端

b. 由另一人手持压辊排气，并使卷材熔粘在基层上，熔贴卷材端部只剩下 30cm 左右时，为保证熔粘安全，不再提起卷材端部，可把卷材末端翻放在隔热板上，如图 2-18 所示。

再用喷枪火焰分别加热余下卷材和基层表面，待加热充分后，最后翻起卷材粘贴于基层上予以固定。

第三步 大面铺贴。熔粘好端部卷材后，即可进行卷材大面铺贴，如图2-16所示。

a. 持喷枪者前行至卷材的未展开处，站在卷材滚铺前方，转身同样正对卷材背面一侧，把喷枪对准卷材和基面的交接处，使之同时加热卷材和基面，条粘时只需加热两侧边宽度各150mm左右范围，端部固定时的提卷材者转为推滚卷材者，蹲在已铺好的端部卷材上面，卷材加热充分后缓慢地推压卷材，并负责注意保持卷材的搭接缝宽度是否满足。

b. 排气收边。收边者紧跟推滚卷材者后面，用棉纱团从中间向两边抹压卷材，赶出气泡，并用抹刀将溢出的热熔胶刮压抹平。

c. 距熔粘位置1～2m处，另一人用压辊压实卷材。

如此操作至另一末端。

② 技术要领

a. 加热均匀、充分、适度。在操作时，持枪人应沿着卷材宽度方向缓缓移动，使卷材横向受热均匀，如图2-19所示。加热程度控制为热熔胶出现黑色光泽（此时沥青的温度在200～230℃之间）、发亮并有微泡现象，但不能出现大量气泡。

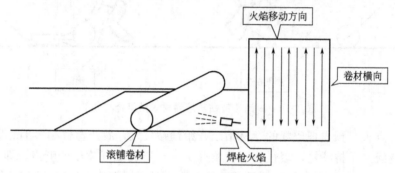

图2-19 滚铺法火焰均匀加热示意

b. 热熔火焰的位置、方向要合适。喷枪头与卷材面宜保持50～100mm距离，与基层呈30°～45°角，火焰要喷向卷材与基层的交接处，同时加热卷材热熔胶和基层面，如图2-20所示。

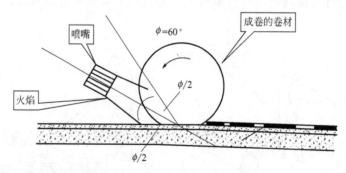

图2-20 热熔火焰的位置、方向

c. 趁热滚压。卷材被热熔粘贴后，要在卷材尚处于较柔软时，就及时进行滚压。滚压太迟，卷材冷却变硬，胶黏剂黏性变弱，难以压实牢固；滚压太早，卷材太柔软则容易压破卷材。滚压时间一般可用脚踩试，踩踏时不陷脚，但感觉还软时，即可快速滚压。滚压时，应排尽卷材粘接层间的空气。

　　d. 若采用条贴法铺贴，在加热卷材两侧边的同时，还应稍稍加热中间部位，避免空铺部位空气难以排尽。

　　e. 做好搭接缝粘接密封处理

　　第一步　熔烧搭接缝隔离层。热熔卷材表面一般都有一层防粘隔离层，在卷材搭接部位，在热熔粘接搭接之前，应先将下一层卷材表面的防粘隔离层用喷枪熔烧掉，操作时，持喷枪者一手拿着烫板柄，一手执喷枪，烫板沿卷材搭接缝向后移动，喷枪紧靠卷材高50～100mm，烫板和喷枪要密切配合，以刚好熔去隔离层为准。喷嘴不能触及卷材，切忌火焰烧伤或烫板烫损搭接处的相邻卷材面。如图 2-21 所示。

图 2-21　熔烧搭接缝隔离层示意

　　第二步　加热滚压搭接缝。待搭接缝口加热至有热熔胶溢出，收边人员趁热用棉纱团抹平卷材后，即可用抹子把溢出的热熔胶刮平，沿边封严。搭接缝溢出的热熔胶（改性沥青）宽度以 8mm 左右并均匀顺直为宜。卷材短边搭接缝可用抹子挑开，用汽油喷灯烘烤卷材搭接处，如图 2-22(a) 所示，待加热至适当温度后，随即用抹子将接缝处抹平，将溢出的热熔胶刮平、封严，如图 2-22(b) 所示。当接缝处的卷材上有矿物粒或片料时，应用火焰烘烤及清除干净后再进行热熔和接缝处理。

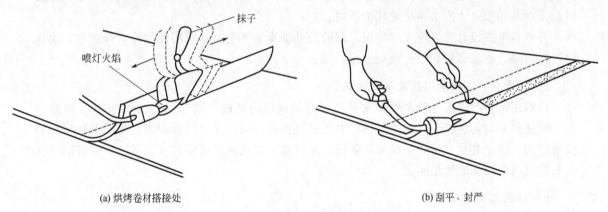

(a) 烘烤卷材搭接处　　　　　　　　　　　　　(b) 刮平、封严

图 2-22　热熔卷材短边搭接缝封边

　　(2) 热熔展铺法操作

　　展铺法主要适用于条粘铺贴卷材时。如图 2-23 所示，该工艺是先把卷材平展铺于基层表面，再沿边缘掀起卷材，加热卷材底面和基层表面，将卷材粘贴于基层上。其施工操作方法如下。

　　① 展铺卷材　先把卷材展铺在待铺的基面上，对准搭接缝，按滚铺法相同的方法熔贴

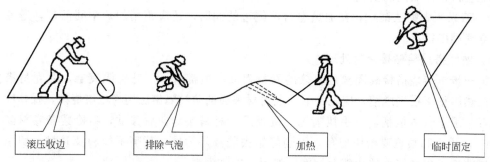

图 2-23　滚铺法铺贴热熔卷材人员组合与分工

好开始端的卷材。若整幅卷材不够平服，可把另一端（末端）卷材卷在一根 $\phi 30mm \times$ 1500mm 的木棒上，由 2~3 人拉直整幅卷材，使之无皱折、无波纹并能平服地与基层相贴，搭接位置正确。当卷材对准长边搭接缝的弹线位置后，用重物压（或一人站）在末端卷材上面做临时固定，以防卷材回缩。

② 熔贴卷材　熔贴卷材从始端开始，在距开始端约 1500mm 的地方，由手持喷枪者掀开卷材边缘约 200mm 高（其掀开高度以喷枪头易于喷热侧边卷材的底面热熔胶为准），再把喷枪头伸进侧边卷材底部，开大火焰，转动枪头，加热卷材边宽约 200mm 左右的底面胶和基面，边加热边沿长向后退。另一人拿棉纱团，从卷材中间向两边赶出气泡，并将卷材抹压平整。最后一人紧随其后及时用手持压辊压实两侧边卷材，并用抹刀将挤出的胶黏剂刮压平整。

③ 与热熔滚铺操作方法一样，做好搭接缝粘接密封处理。

（四）蓄水试验与保护层施工

防水层完工后应做蓄水试验，平屋面可采用蓄水试验，蓄水深度宜大于 50mm，蓄水时间不宜少于 24h，对于无蓄水条件的坡屋面可采用持续淋水试验，持续淋水时间不少于 2h，屋面无渗漏和积水，排水系统通畅为合格。

合格后可按设计要求施工保护层。屋面改性沥青防水卷材常采用浅色涂料保护层、块体材料保护层、水泥砂浆和细石混凝土保护层。

（五）常见施工质量问题及防治措施

热熔法铺贴改性沥青防水卷材常见质量问题及防治措施，除与表 2-21 相同外，尚应注意火焰加热要均匀、充分、适度，铺贴时要趁热向前推滚，并用压辊滚压，排除卷材下面的残余空气，防止卷材过熔烧穿或欠火影响粘贴质量，以及由于铺贴时压实不紧，残留的空气未全部赶出而鼓泡的质量问题。

（六）施工质量检验

改性沥青防水卷材屋面检验批施工质量验收标准详见表 2-22。

四、任务 3　自粘法铺贴屋面防水卷材

自粘法铺贴防水卷材是指对应于自粘型卷材的铺贴方法。自粘型防水卷材是在工厂生产过程中，在卷材底面涂敷一层自粘胶，自粘胶表面覆一层隔离纸，铺贴时只要撕下隔离纸，就可以直接粘贴于涂刷了基层处理剂的基层上。解决了因涂刷胶黏剂不均匀而影响卷材铺贴的质量问题，并使卷材铺贴施工工艺简化，提高了施工效率。合成高分子防水卷材及聚合物改性沥青防水卷材均有自粘型的产品供应。现以自粘型聚合物改性沥青防水卷材为例介绍其铺贴方法。

（一）施工准备

1. 技术准备

同其他铺贴方法。

2. 材料准备

按施工要求备好各种材料，卷材必须是自粘型卷材，基层处理剂要与卷材自粘胶相融，各种材料进场应有合格证，并按规定在现场抽样检测有关性能，不合格品不得使用，其用量见表 2-25。

表 2-25　自粘型聚合物改性沥青防水卷材铺贴材料参考用量（每 100m² 材料用量）

材料名称	用途	用量
防水卷材	屋面防水层	120m²
改性沥青胶黏剂	基层处理剂	16kg
建筑防水沥青嵌缝油膏	卷材搭接缝密封	1kg

3. 工具准备

施工工具的准备见表 2-26。

表 2-26　自粘法铺贴防水卷材主要施工工具（每施工班组用量）

工具名称	规格	数量	用途
高压吹风机	300W	1 台	清理基层
棕扫帚	普通	6 把	清理基层
小平铲	小型	3 把	清理基层
钢丝刷	普通	4 把	清理基层
长柄刷	棕刷或胶皮刷	2 把	涂刷基层处理剂
油漆刷	5cm,15cm	4 把	涂刷搭接缝密封胶
剪刀	普通	2 把	剪裁卷材
钢卷尺	3m	1 把	度量尺寸
粉笔	—	1 盒	打标记
小线绳		50m	弹基准线
橡胶压辊	$\phi 15mm \times 200mm$	2 个	压实卷材
手持压辊	$\phi 40mm \times 100mm$	2 个	压实卷材搭接缝
滚筒	80～100kg 包胶皮	1 只	滚压大面积油毡
汽油喷灯及喷枪	—	2 台套	烘烤立面卷材胶黏剂

（二）检查及清理找平层

检查及清理找平层同其他铺贴方法。

（三）卷材防水层施工

1. 涂刷基层处理剂

涂刷按一个方向进行，要求厚薄均匀，不漏底，不堆积。一般需在涂刷 6h 左右后，再进行下道工序施工。

2. 节点附加增强处理

按设计要求，在节点部位铺贴一层与大面卷材同材质的附加卷材或涂刷一遍增强胶黏剂后再铺贴一层附加卷材。附加的范围同样为节点及周边扩大 250mm。

3. 定位弹线

定位弹线要考虑卷材的搭接长度，铺贴改性沥青卷材，定位弹线长短边的搭接宽度可按80mm 计算。

4. 自粘法铺贴

卷材与基层的粘贴方案，一般要求满粘铺贴，已可采用条粘方案。若采用条粘时，施工时只需在基层脱离部位刷一层石灰水，或加铺一层裁剪下来的隔离纸隔离即可。

卷材铺贴可采用滚铺法或抬铺法。但进行立面或大坡面的自粘卷材铺贴时。由于自粘型卷材与基层的粘接力相对较低，在立面和大坡面上卷材容易产生下滑现象，宜用手持式汽油喷枪将卷材底面的胶黏剂适当加热后再进行粘贴和滚压。低温施工时，搭接部位也宜采用热风加热，并应随即粘贴牢固。

（1）滚铺法

当铺贴面积大、隔离纸容易掀剥时，可采用滚铺法。如图 2-24 所示，一般 3～4 人一组，1 人撕纸，1～2 人滚铺卷材，1 人随后将卷材压实。施工时不需打开整卷卷材，掀剥隔离纸与铺贴卷材同时进行。其铺贴步骤及要点如下。

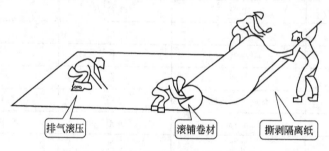

图 2-24　自粘法铺贴卷材人员组合与分工

排气滚压　　滚铺卷材　　撕剥隔离纸

第一步　铺贴起始端。用一根 ϕ30mm×1500mm 的钢管插入成筒卷材中心的芯筒。由两人各持钢管一端抬至待铺位置的起始端，并将卷材向前展出约 500mm，由另一人撕剥此部分卷材的隔离纸。将已剥去隔离纸的卷材对准已弹好的粉线轻轻摆铺，压实固定。

第二步　撕纸滚铺卷材。起始端铺贴完成后，一人缓缓撕剥隔离纸卷入另一空的纸芯筒上，并向前移动，而抬卷材的两人同时沿基准粉线向前滚铺卷材。注意抬卷材两人的移动速度要相同、协调。滚铺时，对自粘贴卷材要稍紧一些，不能太松弛，不能有皱折。

第三步　排气滚压。每铺完一幅卷材后，用长柄滚刷，由起始端开始，彻底排除卷材下面的空气，然后再用大压辊或手持压辊将卷材压实，粘贴牢固。

（2）抬铺法

如图 2-25 所示，抬铺法是先将待铺卷材剪好，反铺于基层上，并剥去卷材的全部隔离纸后再铺贴卷材的方法，适合于天沟、泛水、阴阳角等较复杂的铺贴部位，或因操作空间小隔离纸不易剥离的场合。其铺贴步骤及要点如下。

(a) 剥去卷材的全部隔离纸

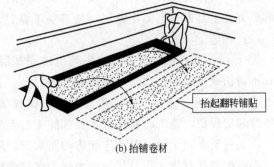
抬起翻转铺贴
(b) 抬铺卷材

图 2-25　自粘法抬铺卷材

第一步　裁剪卷材。根据屋面基层形状并考虑搭接长度后裁剪卷材。将卷材反铺展在待铺部位。

第二步　撕剥隔离层。将剪好的卷材小心地剥除隔离纸，撕剥时，保持已撕开的隔离纸与粘接面成 $45°\sim60°$ 的锐角，用力要适度，这样不易拉断隔离纸。如出现小片隔离纸粘连在卷材上时可用小刀仔细挑开。隔离纸全部剥离完毕后，将卷材有胶面朝外，如图 2-25(a)。

第三步　抬铺卷材。将隔离纸已全部剥离后的待粘贴卷材沿长向对折，然后抬起并翻转卷材，使搭接边对准粉线，从短边搭接缝开始沿长向铺放好搭接缝侧的半幅卷材，然后再铺放另半幅。在铺放过程中，各操作人员要默契配合，当卷材过长时，在搭接边一侧的中部再安排 $1\sim2$ 人予以配合，铺贴的松紧度与滚铺法相同，如图 2-25(b)。

第四步　排气滚压。铺放完毕后从中间向两边缘处排出空气，再用压辊滚压。

5. 搭接缝粘贴密封

第一步　熔烧防粘层。自粘型卷材上表面常带有防粘层（聚乙烯膜或其他材料），在铺贴卷材前，应将相邻卷材待搭接部位上表面的防粘层先熔化掉。操作时，用手持汽油喷枪沿搭接缝粉线进行。

第二步　搭接缝加热粘贴。掀开搭接部位卷材，用扁头热风枪加热卷材底面胶黏剂，加热后随即粘贴、排气、辊压，溢出的自粘胶随即刮平封口，使搭接缝粘贴密实。

第三步　封边。搭接缝粘贴压实后，所有接缝口均用密封材料封严，其涂封量参照材料说明书的有关规定，宽度不应小于 10mm。保持宽窄一致。

（四）蓄水试验及保护层施工

自粘型防水卷材铺贴完成后应按规范要求做蓄水试验，合格后可按设计要求进行保护层施工，自粘型屋面防水卷材可采用浅色涂料保护层、块体材料保护层、水泥砂浆和细石混凝土保护层。

（五）常见施工质量问题及防治措施

（1）气泡、空鼓

① 原因：由于基层潮湿、找平层未干，含水率过大，使粘贴层空鼓，形成鼓泡。

② 防治措施：保持在干燥的基层上铺贴，粘贴时，不得用力拉伸卷材。粘贴后，随即用压辊从卷材中部向两侧滚压，排出空气，使卷材牢固粘贴在基层上。自粘结卷材，卷材背

面搭接部位的隔离纸不要过早揭掉，否则操作时易出现"超前"粘接现象，即当卷材隔离纸揭开放在基面上就已粘接，往往会出现铺展不平，有鼓泡等现象。发生这种问题后，若起鼓范围较小，可用注射针头将空气吸出卷材平整后立即用密封胶封严；若起鼓范围较大，宜先将起鼓部分全部割去，露出基层，待基层干燥后，再依照防水层的施工方法修补。

（2）翘边

① 原因：防水层的端部或收头处出现同基层剥离翘边的现象，主要是因为基层未处理好，不清洁或不干燥，收头时密封处理不好。

② 防治措施：基层一定要清理干净，如有基面不牢固部位，会造成卷材连基层表面附着物拉起的现象，施工时要仔细，细部施工时要注意做好排水，防止带水施工，下雨天不得施工，基层要保持干燥；对产生翘边的防水层，应先将剥离翘边的部分割去，将基层打扫干净，再根据基层材质选择与其粘结力强的底层涂料涂刷基层，然后做好防水层。

（3）破损

① 原因：防水层施工后、固化前，未注意保护，被其他工序施工碰坏、划伤。

② 防治措施：粘铺卷材时，应随时注意与基准线对齐，以免出现偏差难以纠正。在保护层施工前或施工过程中尤其要注意对成品保护。对于破损严重者，应将破损部位割去（较破损部位稍大一些），露出基层并清理干净，再按照施工要求、顺序，分层补做防水层。

子情境 2　涂膜防水屋面施工

一、相关知识

（一）涂膜防水屋面的构造层次

1. 涂膜防水屋面基本构造层次

与卷材防水屋面一样，涂膜防水屋面主要包括屋面基层、找坡与找平层、保温层、防水层和保护层，故涂膜防水屋面基本构造层次与图 2-1 所示相同，只不过这里的防水层为涂膜层。故找坡层、找平层、保温层及其隔汽层、保护层及其隔离层的做法与前述卷材防水屋面相同。而涂膜防水层内所用材料包括底涂料（基层处理剂）、防水涂料、胎体增强材料等，其作用参见表 2-27。

表 2-27　涂膜防水层的组成材料及其作用

项次	项目	作　用
1	底漆	刷涂、喷涂或抹涂于基层表面,用作防水施工第一阶段的基层处理材料
2	防水涂料	是构成涂膜防水的主要材料,使建筑物表面与水隔绝,对建筑物起到防水与密封作用,同时还起到美化建筑物的装饰作用
3	胎体增强材料	增加涂膜防水层的强度,当基层发生龟裂时,可防止涂膜破裂或蠕变破裂,同时还可防止涂料流坠

2. 涂膜防水屋面常见节点构造处理

（1）屋面板端缝处理

如图 2-26 所示，涂膜防水屋面要对屋面板端缝进行防水加强处理，自下而上的做法如下。

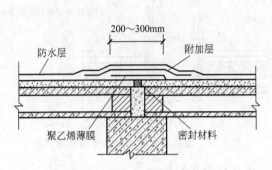

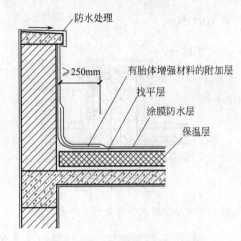

图 2-26　屋面板端缝铺附加层　　　　图 2-27　女儿墙涂膜泛水做法

① 板端缝用水泥砂浆或细石混凝土填实；

② 用密封材料嵌填；

③ 空铺一层聚乙烯薄膜作缓冲隔离层；

④ 加铺 1～2 层带胎体增强材料的附加涂层后，再做防水层。

（2）女儿墙涂膜泛水做法

如图 2-27 所示，涂膜防水屋面在女儿墙泛水处的加强措施如下。

① 找平层在女儿墙与屋面交接处圆弧过渡；

② 涂刷带有胎体增强材料的附加层，其范围为在水平和竖向均不小于 250mm；

③ 涂膜防水层直接涂刷至女儿墙的压顶下；收头处用防水涂料多遍涂刷封严；

④ 压顶也做好涂膜防水处理。

（3）屋面变形缝防水做法

如图 2-28 所示，屋面变形缝防水做法要点如下。

① 变形缝两侧各砌矮墙伸出屋面不小于 250mm；

② 找平层在屋面与矮墙的交接缝处用防水砂浆抹圆弧过渡；

③ 泛水处应涂刷带有胎体增强材料的附加层，延伸至水平和垂直方向均不小于 250mm；

④ 变形缝中填充泡沫塑料，其上填放衬垫材料，并用卷材封盖，顶部加扣混凝土或金属盖板。

（4）伸出屋面管道防水做法

如图 2-29 所示，伸出屋面管道防水做法，其做法要点如下。

① 管道与找平层之间留 20mm×20mm 的凹槽，嵌填密封材料；

② 泛水处应涂刷带有胎体增强材料的附加层，延伸至水平和垂直方向均不小于 250mm；

③ 涂膜防水层涂刷至管道外壁高 500mm 以上，收头处用防水涂料多遍涂刷封严。

（二）各类涂膜防水屋面施工中的共性要求

1. 施工气候条件

① 涂膜防水层的质量和涂料的涂布操作受施工气候条件影响较大。不论是何种防水涂

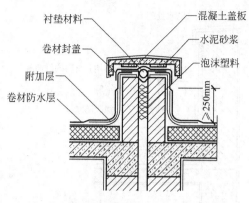

图 2-28　涂膜防水等高变形缝防水做法　　图 2-29　涂膜防水伸出屋面管道防水做法

料，雨天、雪天严禁施工。五级及以上大风时不得从事涂布操作。

② 溶剂型涂料的施工环境温度宜在−5～35℃。溶剂型涂料在负温下不会冻结，只是黏度增大，增加了施工操作难度，但是如果在涂布前采取加温措施，保证其可涂布，也不会影响防水质量。但温度低于−5℃时，其可涂布性难以保证，涂膜厚度更难控制，便会影响工程质量。

③ 水乳型反应型涂料的施工环境气温宜为5～35℃。水乳型涂料在低温下涂布，会延长固化时间，同时易遭冻结而失去防水作用，温度过高，水分蒸发过快，涂膜易产生收缩而出现裂缝。

④ 热熔型涂料的施工环境气温不宜低于−10℃。

⑤ 聚合物水泥涂料的施工环境气温宜5～35℃，温度过低或过高均会影响水泥的凝结硬化质量。

2. 胎体增强材料的铺贴要求

胎体增强材料长边搭接宽度不应小于50mm，短边搭接宽度不应小于70mm；上下层胎体增强材料的长边搭接缝应错开，且不得小于幅宽的1/3；上下层胎体增强材料不得相互垂直铺贴。

3. 涂膜附加层最小厚度

附加层一般是设计在屋面易渗漏、防水层易破坏的部位，如平面和立面的结合部、水落口、伸出屋面管道根部、预埋件等关键部位。为了保证附加层质量和节约工程造价，附加层厚度应满足最小厚度要求：合成高分子防水涂料、聚合物水泥防水涂料涂膜附加层最小厚度1.5mm；高聚物改性沥青防水涂料的附加层最小厚度2.0mm。

4. 涂膜防水层涂布一般要求

（1）涂布顺序

① 涂布应按照"先高后低、先远后近、先檐口后屋脊、先细部节点后大面"的原则进行，涂布走向一般为顺屋脊走向，如图2-30所示。

② 大面积屋面应分段进行涂布，为加快工效，涂布可采用如图2-31所示的分条间隔施工，分条宽度与胎体增强材料宽度一致，一般为0.8～1m，待阴影处涂层干燥后再抹压空白处，以免操作人员踩坏刚涂好的涂层。

（2）涂布的接槎与每遍衔接

涂层的接槎处，在每遍涂刷时应退槎50～100mm，接槎时再超槎50～100mm，以免

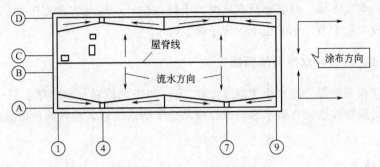

图 2-30　涂膜防水层涂布顺序

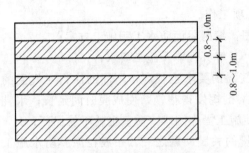

图 2-31　涂膜防水层分条涂布

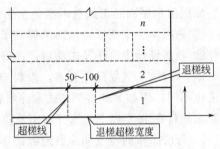

图 2-32　涂层接槎

接槎不严造成渗漏，如图 2-32 所示。

　　喷涂时，为了使涂层厚薄一致，前一枪喷涂后，后一枪喷涂的涂层要覆盖前一枪涂层的 $1/3 \sim 1/2$。

　　（3）涂层厚度与涂刷遍数控制

　　涂膜应根据防水涂料的品种分层分遍涂布，不得一次涂成。要注意区分"层数"和"遍数"的概念。例如，涂膜防水层设计所要求的"一布二涂"，它是指防水层由两个涂膜层（底层和面层）和一道胎体增强材料组成；"二布三涂"是指防水层由三个涂膜层（底层、中层和面层）和两道胎体增强材料组成。但应注意"两个或三个涂膜层"不是指"涂刷两遍或三遍"，每个涂膜层需要涂刷多遍才能达到规定厚度。如只由一次便涂刷至规定厚度，则涂膜过厚，易出现"面干而里不干"（即涂膜表面已干燥，而内部涂料的水分或溶剂却不能蒸发或挥发，使涂膜内部难以干燥）的现象，导致防水能力降低。反之，若涂膜过薄达不到规定厚度，也同样达不到预期的防水效果。

　　涂膜防水层施涂前应根据设计或产品厂家所要求每平方米涂料的用量，事先通过试验确定每层涂料的厚度及每个涂膜层需要涂刷的遍数，以准确地控制层厚，使每个涂层实现"实干"，保证防水层的质量。另外应注意，各遍涂层之间的涂刷方向应相互垂直，以提高防水层的整体性和均匀性。面层至少涂刷两遍以上。合成高分子涂料还要求底涂层有 1mm 厚，才可铺设胎体增强材料。

　　（4）每遍涂布间隔时间

　　每遍涂刷应在前一遍涂料干燥后才可进行下一遍涂料的涂刷，以防止涂膜"表干里不干"现象的发生。以保证防水涂膜具有一定的强度，避免后一遍涂刷时破坏前一遍涂膜，形成起皮、起皱等现象。因此，在进行涂刷厚度及用量试验的同时，还应测定每遍涂层的间隔时间。

　　不同的防水涂料每遍涂刷的干燥时间也不相同。涂膜干燥快慢与气候也有较大关系，气温高干燥就快；空气干燥、湿度小且有风时，干燥也快，一般北方常温下 2～4h 即可干燥，而在南方湿度较大的季节 2～3d 也不一定干燥。

二、任务 1　薄质防水涂料屋面施工

薄质防水涂料是指设计防水涂膜总厚度在 3mm 以下的涂料（通常厚 1.5～3mm），水乳型或溶剂型的高聚物改性沥青防水涂料或合成高分子防水涂料，是目前使用最多的薄质防水涂料类型。

（一）施工准备

1. 技术准备

涂膜防水屋面施工的技术准备主要包括下列几项工作。

① 熟悉和会审图纸，从而掌握和了解设计意图，编制屋面防水工程施工方案；

② 收集设计中所述及的涂料产品等相关资料，了解其性能及施工要求；

③ 掌握施工气候条件要求，涂料施工时，对气温的要求也很高，不同的涂料对气温的要求也不同，例如某些溶剂型防水涂料在 5℃ 以下溶剂挥发得很慢，使成膜时间延长；水乳型防水涂料在 10℃ 以下，水分就不易蒸发干燥。使施工操作困难，质量也就不易保证；

④ 每层涂布的厚度和涂刷遍数是影响防水质量的关键问题之一，一般在涂膜防水施工前，必须根据设计要求的每平方米涂料用量、涂膜总厚度及涂料性能，事先做出样板进行试验，确定每层涂料的涂刷厚度和涂刷遍数。每道涂膜防水层最小厚度要求见表 2-3；

⑤ 确定质量目标和检验要求，提出施工记录的内容要求；

⑥ 向操作人员进行技术交底或进行培训。

2. 材料准备

薄质防水涂料施工应准备的主要材料包括基层处理剂、防水涂料、胎体增强材料等。

（1）基层处理剂（底涂料）

防水涂料涂布前，在找平层上先刷一道基层处理剂。基层处理剂的作用，一是堵塞基层毛细孔，使基层的湿气不易进入防水层中，引起防水层空鼓、起皮现象；二是增强涂料与找平层（基层）的粘结强度。基层处理剂应与防水涂料相融，可选择防水涂料生产厂家配套的基层处理剂，或采用同种防水涂料稀释而成，通常配制见表 2-28。

表 2-28　薄质防水涂料施工基层处理剂配制要求

项　　目	配制要求
水乳型防水涂料基层处理剂	用掺 0.2%～0.3% 乳化剂的水溶液（或软水）稀释涂料，其用量比例（质量配比）为：水乳型防水涂料：乳化剂水溶液（或软水）＝（1∶0.5）～（1∶1.1），如无软化水，可用冷开水代替，切忌加入一般天然水或自来水
溶剂型防水涂料基层处理剂	可直接用该涂料薄涂，如涂料太稠，可用相应的溶剂稀释
高聚物改性沥青防水涂料基层处理剂	煤油∶30 号石油沥青＝60∶40 的比例配制而成的溶液

（2）防水涂料

我国目前常用的薄质涂料供应品种很多，最常用的品种见表 2-29。

（3）胎体增强材料

胎体增强材料宜采用聚酯无纺布或化纤无纺布。

表 2-29　常用的薄质涂料供应品种

类　　型	品　　种	供 应 状 态
高聚物改性沥青防水涂料	再生橡胶沥青防水涂料、氯丁橡胶改性沥青防水涂料、SBS(APP)防水涂料	单组分供应,有水乳型和溶剂型两种状态
合成高分子防水涂料	聚氨酯防水涂料、焦油聚氨酯防水涂料	大多双组分供应,即主剂和固化剂两组分,反应型
	丙烯酸酯防水涂料	单组分供应,水乳型
	硅橡胶防水涂料	双组分供应,即主剂和固化剂两组分,反应型

（4）涂膜防水屋面材料用量参考

现列出水乳型或溶剂型薄质涂料施工各材料参考用量（见表 2-30），反应型薄质涂料施工各材料参考用量见表 2-31。

表 2-30　水乳型或溶剂型薄质涂料用量参考

层次	一层做法	二层做法	
	一布两涂 （一布四胶）	二布三涂 （二布六胶）	二布三涂 （二布八胶）
加筋材料用量/(m²/m²)	1.25	2.43	一层(2.43)
涂料总量/(kg/m²)	2.4	3.2	5.0
总厚度/mm	1.5	1.8	3.0
第一遍用量/(kg/m²)	刷涂料 0.6	刷涂料 0.6	刷涂料 0.6
第二遍用量/(kg/m²)	刷涂料 0.4 铺无纺布一层 布面刷涂料 0.4	刷涂料 0.4 铺无纺布一层 布面刷涂料 0.3	刷涂料 0.6
第三遍用量/(kg/m²)	刷涂料 0.5	刷涂料 0.4	刷涂料 0.4 铺无纺布一层 刷涂料 0.3
第四遍用量/(kg/m²)	刷涂料 0.5	刷涂料 0.4 铺无纺布一层 刷涂料 0.3	刷涂料 0.6
第五遍用量/(kg/m²)		刷涂料 0.4	刷涂料 0.4 铺无纺布一层 布面刷涂料 0.3
第六遍用量/(kg/m²)		刷涂料 0.4	刷涂料 0.6
第七遍用量/(kg/m²)		—	刷涂料 0.6
第八遍用量/(kg/m²)		—	刷涂料 0.6

表 2-31　反应型薄质涂料用量参考

层次	纯涂层		一层做法
	二涂	二涂	一布二涂(一布三涂)
加筋材料	—	—	1.24
涂料总量/(kg/m²)	1.2～1.5	1.8～2.2	2.4～2.8
总厚度/mm	1.0	1.5	2.0
第一遍用量/(kg/m²)	刮胶料 0.6～0.7	刮胶料 0.9～1.1	刮胶料 0.8～0.9
第二遍用量/(kg/m²)	刮胶料 0.6～0.8	刮胶料 0.9～1.1	刮胶料 0.4～0.5 铺无纺布一层 刮胶料 0.4～0.5
第三遍用量/(kg/m²)	—	—	刮胶料 0.8～0.9

【例 2-3】 某涂膜面积为 $773m^2$ 的屋面，做 SBS 改性沥青防水涂料二布三涂防水层，试计算各材料用量。

解： 根据表 2-30 材料用量定额计算如下。

(1) 无纺布（二层）用量：$2.43 \times 773 = 1878.39$ （m^2）

(2) 涂料用量：$3.2 \times 773 = 2473.60$ （kg）

3. 施工机具准备

涂膜防水施工前，应根据所采用涂料的种类、涂布方法，准备使用的计量器具、搅拌机具、涂布工具、运输工具及防护用品等。薄质涂料防水施工机具准备见表 2-32。

表 2-32 薄质涂料防水施工机具准备

机 具 名 称	用 途	机 具 名 称	用 途
棕扫帚	清理基层	钢丝刷	清理基层及管道
衡器	配料称量	电动、手动搅拌器	拌和多组分材料
铁桶或塑料桶	装混合料	开罐刀	开涂料罐
棕毛刷、圆滚刷	涂刷基层处理剂涂料	塑料、胶皮刮板	刮涂涂料
喷涂机械	喷涂基层处理剂、涂料	剪刀	裁剪胎体增强材料
卷尺	测量、检查		

(二) 防水层施工

涂料性能不同，涂料的涂刷遍数，涂刷的厚度也不同。图 2-33 是水乳型或溶剂型薄质涂料二布三涂施工工艺流程。图 2-34 是反应型薄质涂料一布二涂施工工艺流程。

现以二布三涂做法为例介绍防水层施工。

1. 基层表面清理、修整

与卷材防水层相比，涂膜防水对找平层要求更为严格。

① 检查找平层表面的平整性。用 2m 长的直尺检查，薄质防水涂膜，一般要求表面平整度误差不超过 3mm。

② 检查找平层表面的质量，表面不应起砂、起皮、空鼓、开裂，而且表面应光滑。

③ 检查基层的干燥程度。基层的干燥程度显著地影响涂膜防水层与基层的结合。如果基层不充分干燥，涂料渗透不进，施工后在水蒸气压力作用下，会使防水层剥离，发生鼓泡现象。一般而言，高聚物改性沥青防水涂料和合成高分子防水涂料视其种类不同对基层干燥程度有不同的要求，但溶剂型防水涂料对基层干燥程度的要求比水乳型防水涂料严格，必须待基层完全干燥后方可进行涂布施工。

④ 将找平层上的杂质、灰尘清理干净。

2. 涂刷基层处理剂

涂刷基层处理剂是为了增强涂料与基层（找平层）的粘接。基层处理剂涂刷要求是用刷子用力薄涂，使基层处理剂尽量刷进基层表面，并将表面留下来的少量灰尘等无机杂质，像填充料一样混入基层处理剂中，使之与基层牢固结合。应先将边角、管根、雨水口等变化处涂刷一遍，然后大面积涂刷，涂刷要薄而均匀，不得有空白、麻点、气泡。

3. 特殊部位附加增强处理

在大面积防水涂料涂布前，应先对节点进行处理，如进行密封材料的填嵌，按设计要求涂刷附加涂层及铺设胎体增强材料的附加层，节点部位包括水落口、天沟、檐沟、女儿墙泛水、变形缝、反梁过水孔、穿过防水层的管道分格缝、阴阳角等。

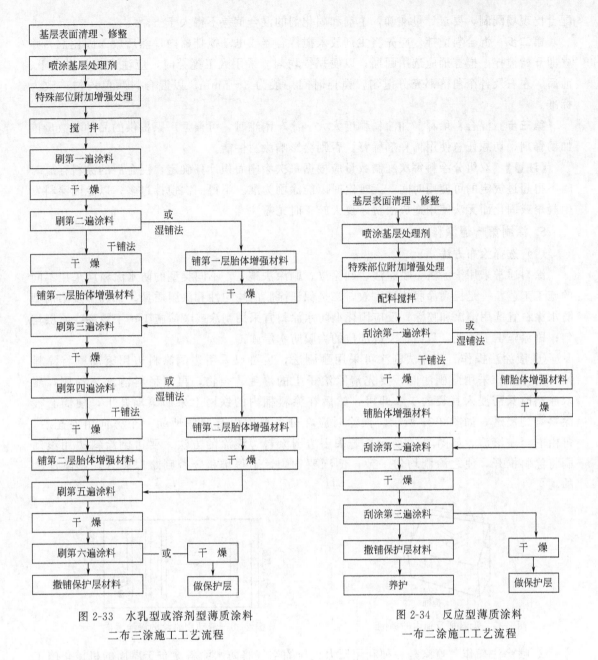

图 2-33　水乳型或溶剂型薄质涂料
二布三涂施工工艺流程

图 2-34　反应型薄质涂料
一布二涂施工工艺流程

4. 涂料配料和搅拌

（1）单组分涂料

单组分涂料产品一般用铁桶或塑料桶密封包装，但因桶装量大，并且防水涂料中含有填料，故易沉淀而产生不均匀现象，使用前要进行搅拌，达到浓度一致。

单组分涂料最简便的搅拌方法是：使用前先将涂料桶在屋面上来回滚动多次，打开桶盖后即可使用；最理想的方法是将桶装涂料倒入开口的大容器中，用机械搅拌均匀后再使用；没有用完的涂料，应加盖封严，桶内如有少量结膜，应清除或过滤后使用。

（2）双组分涂料

第一步　严格按配合比混合。每个组分涂料在配料前先搅拌均匀，根据生产厂家提供的配合比现场配制，要求计量准确，主剂和固化剂的混合偏差不得大于±5%。

第二步 混合料搅拌。应先将主剂放入搅拌容器或电动搅拌器内，然后放入固化剂，并立即开始搅拌。搅拌桶应选用圆桶，以便搅拌均匀。采用人工搅拌时，应注意将材料上下、前后、左右及各个角落都充分搅匀，搅拌时间一般为3～5min。以混合料颜色均匀一致为标准。

第三步 混合料稀释。如涂料稠度太大、涂布困难时，可根据厂家提供的品种和数量掺加稀释剂，切忌任意使用稀释剂稀释，否则会影响涂料性能。

【注意】 双组分涂料每次配制数量应根据每次涂刷面积计算确定，混合后的涂料存放时间不得超过规定的可使用时间。无规定时以能涂刷为准。不得一次搅拌过多，以免因涂料发生凝聚或固化而无法使用造成浪费，夏天施工时尤需注意。

5. 涂刷第一遍涂料

（1）选择涂布方法

涂料通常采用滚涂法、喷涂法、刮涂法、刷涂法施工。不同类型的防水涂料应采用不同的施工工艺，一是提高涂膜施工工效，二是保证涂膜的均匀性和涂膜质量。水乳型及溶剂型防水涂料宜选用滚涂和喷涂；反应固化型防水涂料宜采用刮涂或喷涂施工，工效高，涂层均匀；刷涂施工工工效低，只适合关键部位的涂膜防水层施工。

① 滚涂法操作 滚涂法刷涂可采用蘸刷法，也可以采用边倒涂料边用滚动刷将涂料摊开的方法。采用蘸刷法时，要先清除滚子上的浮毛、杂物，再用稀料清洗滚动刷，蘸取涂料时只需浸入直径的1/3即可，然后在涂料桶内的铁网上来回滚动几下，使筒套被涂料均匀浸透，如图2-35所示。滚涂时应在分条范围内有顺序地朝一个方向由左至右，再由右至左滚涂，如图2-36所示。若采用边倒涂料边滚涂的方法，要边倒涂料边用滚动刷将涂料推开，使之涂刷均匀一致，倒洒要均匀，不得堆积，否则难以刷开，影响涂刷的均匀性。

图 2-35 涂料桶及桶内的铁网

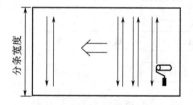

图 2-36 滚动刷刷涂的滚涂方向

② 喷涂法操作 喷涂是一种利用压力或压缩空气将防水涂料涂布于屋面的机械化施工方法，其特点为涂膜质量好、工效高、适于大面积作业、劳动强度低等，如图2-37所示。

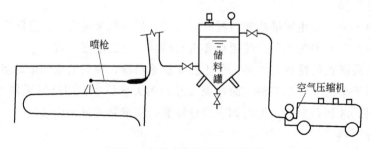

图 2-37 防水涂料喷涂法示意

第一步 将涂料调至施工所需黏度，装入储料罐或压力供料桶中，关闭所有开关。

第二步 打开空气压缩机，进行调节，使空气压力达到施工压力。施工压力一般在 0.4～0.8MPa 范围内。

第三步 喷涂作业。手握喷枪要稳，涂料出口应与被涂面垂直，喷枪移动时应与喷涂面平行。喷枪运行速度应适宜且应保持一致，一般为 400～600mm/ min。喷嘴与被涂面的距离一般应控制在 400～600mm，以便喷涂均匀。喷涂行走路线如图 2-38 所示。喷枪移动的范围不能太大，一般直线喷涂 800～1000mm 后，拐弯 180°向后喷下一行。根据施工条件可选择横向或竖向往返喷涂。

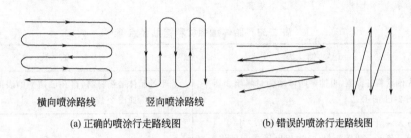

横向喷涂路线　　竖向喷涂路线

(a) 正确的喷涂行走路线图　　　(b) 错误的喷涂行走路线图

图 2-38　喷涂行走路线图

③ 刷涂法操作　刷涂法进行涂布作业，可采用普通平刷蘸取刷涂。

第一步 蘸取涂料。先清除刷子上的浮毛，将刷子插入涂料桶内，刷子毛浸入涂料深度不超过其长度的一半，为使蘸涂料多而不滴落，蘸的次数应在 3 次以上，蘸涂料后立即将刷头两面在容器内壁各拍打一下，使涂料进入刷毛端部的内部，然后稍捻转两下迅速提到涂刷面上，如图 2-39 所示。

第二步 涂刷涂料。按规定的涂刷厚度控制用量，均匀涂刷。用力适中，左右平稳直线运刷，一刷跟一刷，不留间隙，涂刷时不能将气泡裹进涂层中，如发现气泡应立即清除，如图 2-40 所示。

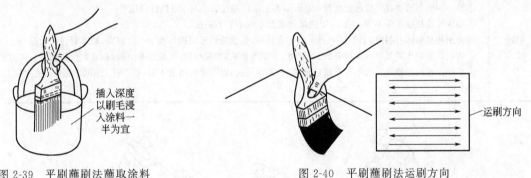

插入深度以刷毛浸入涂料一半为宜

运刷方向

图 2-39　平刷蘸刷法蘸取涂料　　　　　图 2-40　平刷蘸刷法运刷方向

（2）注意事项

无论采用何种涂布方法，涂刷致密是保证质量的关键，涂料涂刷应按规定的涂层厚度（控制材料用量）均匀、仔细地涂刷，各道涂层之间的涂层方向应相互垂直，以提高防水层的整体性和均匀性。如前所述，涂层间的接槎，在每遍涂刷时应退槎 50～100mm，接槎时也应超过 50～100mm，避免在搭接处发生渗漏。

6. 干燥及第二遍涂刷

薄质涂料施工时，必须待前遍涂料实干后才能进行下一遍涂刷，可用表干时间来控制涂刷间隔时间。确认第一遍涂料干燥后，按照上述介绍的"涂刷第一遍防水涂料"的方法重复进行下一遍涂刷。

7. 铺胎体增强材料

根据工艺需要，往往在涂料第二遍或第三遍涂刷前，铺加胎体增强材料。胎体增强材料可以是单一品种，也可采用玻璃纤维布和聚酯毡混合使用。如果混用时，一般下层采用聚酯毡，上层采用玻璃纤维布。胎体增强材料可采用湿铺法或干铺法铺贴，其要点见表 2-33。

表 2-33　胎体增强材料铺贴要点

项目	湿 铺 法	干 铺 法
方法特点	先倒涂料并涂刷，再铺贴胎体增强材料辊刷压平。如图 2-41 所示	先干铺胎体增强材料，再在已铺平的表面上均匀满刮一道涂料。如图 2-42 所示
操作要点	三人一组，分别承担涂刷、滚铺、辊压工序 **第一步**　一边倒涂料，一边用刷子或刮板将涂料仔细刷匀、刷平 **第二步**　将成卷的胎体增强材料平放，为铺贴平整，将布幅两边每隔 1.5～2.0m 间距各剪一个 15mm 的小口。逐渐推滚铺贴于刚刷上涂料的屋面上 **第三步**　用辊刷滚压一遍，使全部布眼浸满涂料，使上下两层涂料能好结合 【技巧】　铺布时切忌拉伸过紧，但铺布也不宜太松	**第一步**　滚铺胎体增强材料并展平 **第二步**　直接在已滚铺好的胎体增强材料表面上用胶皮刮板均匀满刮一道涂料，如图 2-42 所示；也可先用涂料点粘已展铺好的胎体增强材料的边缘部位临时固定，然后再在上面满刮一道涂料，使涂料浸入网眼，渗透到已固化的涂膜上，如图 2-43 所示
通用条件	操作工序少，但技术要求较高，胎体材料质地柔软，易变形，不易展开和紧贴，在无大风时，采用干铺法效果较好	当涂料渗透性较差而又采用较密实的胎体增强材料时，不宜使用干铺法
铺贴要求	①第一层胎体增强材料应越过屋脊 400mm，第二层应越过 200mm，搭接缝应压平 ②胎体长边搭接不应小于 50mm；短边搭接宽度不应小于 70mm ③采用两层胎体材料时，上下层不得互相垂直铺贴，搭接缝错开间距不小于 1/3 幅宽，顺屋脊方向铺贴 ④铺贴好的胎体增强材料不得有皱折、翘边、空鼓等现象，如发现皱折、翘边和空鼓时，在此处用剪刀剪破，在上面蘸料涂刷局部修补。也不得有露白现象，如发现露白，说明涂料用量不足，应再在上面蘸料涂刷，使之均匀一致	

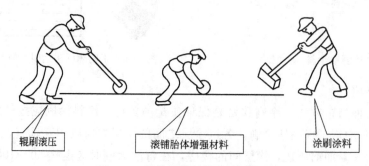

图 2-41　胎体增强材料湿铺法示意

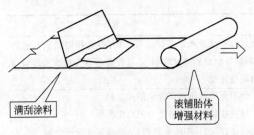

图 2-42　胎体增强材料干铺法滚铺示意

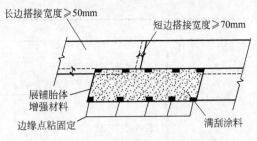

图 2-43　胎体增强材料干铺法展铺示意

在第一层胎体增强材料铺贴好并经干燥后，根据已设计的施工工艺流程，按上面介绍的涂布方法继续完成其余各遍涂料涂刷及第二层胎体增强材料（设计需要时）的铺贴。

（三）保护层施工

涂膜防水屋面应设置保温层，材料可选浅色反射涂料，细砂、云母或蛭石等撒布材料，水泥砂浆、细石混凝土或块体等刚性材料。施工要点详见表 2-34。

表 2-34　薄质涂膜防水屋面保护层施工要点

保护层类型	施工要点
浅色反射涂料保护层	①材料选用：目前常用的有铝基沥青悬浊液、丙烯酸浅色涂料或在涂料中掺入铝粉的反射涂料，材料用量应根据材料说明书的规定使用 ②施工条件：涂刷浅色反射涂料应待防水层养护(7d 以上)完毕，经检查合格后进行。涂刷前，应清除防水层表面的杂物，并将浮灰用柔软、干净的棉布擦拭干净 ③涂刷工具、操作方法与防水涂料施工相同 ④做好劳动保护：施工人员在阳光下操作时，应佩戴墨镜，以免强烈的反射光线刺伤眼睛
撒布颗粒材料保护层(细砂、云母或蛭石等)	①筛去颗粒材料的粉料 ②在涂刷最后一遍涂料时，边涂布边撒铺覆盖材料，撒铺均匀，不得露底 ③滚压粘牢，待干燥后将多余的撒布材料扫除
刚性保护层(水泥砂浆、细石混凝土、块体材料)	①施工方法与卷材防水屋面保护层做法相同 ②防水层和刚性保护层之间应做隔离层 ③保护层与女儿墙之间预留 30mm 以上空隙并嵌填密封材料，水泥砂浆保护层厚度不宜小于 20mm

（四）常见施工质量问题及防治措施

薄质涂膜防水施工常见质量问题及防治措施见表 2-35。

表 2-35　薄质涂膜防水施工常见质量问题及防治措施

问题	原因分析	防治措施
屋面渗漏	节点部位封固不严，有开缝、翘边现象	坚持涂嵌结合，并在操作中务必使基面清洁、干燥，涂刷仔细密封严实，防止脱落
	施工涂膜厚度不足，有露胎体、皱皮等情况	防水涂料应分层分次涂布，胎体增强材料铺设时不宜拉伸过紧，但也不得过松，使上、下涂层粘接牢固为宜
	防水涂料含固量不足，有关物理性能达不到质量要求	在防水层施工前必须抽样检查，复验合格后才可施工
	双组分涂料施工时，配合比与计量不正确	严格按厂家提供的配合比施工，并应充分搅拌，搅拌后的涂料应及时用完
粘接不牢	基层表面不平整、不清洁，有起皮、起灰等现象	①因基层不平整造成积水时，宜用涂料拌和水泥砂浆进行修补 ②凡有起皮、起灰等缺陷时，要及时用钢丝刷清除，并修补完好 ③防水层施工前，应及时将基层表面清扫，并洗刷干净

问 题	原 因 分 析	防 治 措 施
出现裂缝、脱皮、流淌、鼓泡、露胎体等缺陷	施工时基层过分潮湿	应通过简易试验确定基层是否干燥,并选择晴朗天气进行施工,可选择潮湿界面处理剂、基层处理剂等方法改善涂料与基层的粘接性能
	涂料结膜不良	①不使用变质或超过保管期限的涂料 ②严格按涂料主剂及固化剂配合比配料 ③涂料搅拌均匀,不能有颗粒、杂质残留在涂层中间 ④底层涂料实干后,再进行后续涂层施工
	涂料成膜厚度不足	应按设计厚度和规定的材料用量分层、分遍涂刷
	突击施工,工序之间未留必要的间歇时间	根据涂层厚度与当时气候条件,试验确定合理的工序间歇时间,当夏天气温在30℃以上时,应尽量避开炎热的中午施工
	基层表面有砂粒、杂物,涂料中有沉淀物质	涂料施工前应将基层表面清除干净,沥青基涂料中如有沉淀物(沥青颗粒),可用32目铁丝网过滤
	基层表面不平,涂膜厚度不足,胎体增强材料铺贴不平整	①基层表面局部不平,可用涂料掺入水泥砂浆中先行修补平整,待干燥后才可施工 ②铺贴胎体增强材料时,要边倒涂料、边推铺、边压实平整,铺贴最后一层胎体增强材料后,面层至少应再涂刷两遍涂料 ③铺贴胎体增强材料时,应铺贴平整,松紧有度
保护材料脱落	保护层材料(如蛭石粉、云母片或细砂等)未经辗压,与涂料粘接不牢	①保护层材料颗粒不宜过粗,使用前应筛去杂质、泥块,必要时还应冲洗和烘干 ②在涂刷面层涂料时应随刷随撒保护材料,然后用表面包橡胶皮的铁辊轻轻碾压
防水层破损	①在施工时不注意成品保护 ②防水层施工完后,其他工种在屋面上作业	①坚持按程序施工,待屋面上其他工程全部完工后,再做涂膜防水层,避免各工种交叉作业 ②当找平层强度不足或有酥松、塌陷等现象时,应及时返工 ③防水层施工后7天以内严禁上人

(五) 施工质量检验

涂膜防水屋面检验批施工质量验收标准详见表2-36。

表 2-36 涂膜防水屋面防水层检验批施工质量验收标准

检验项目		检 验 标 准	检验方法
主控项目	材料	防水涂料和胎体增强材料的质量,应符合设计要求	检查出厂合格证、质量检验报告和进场检验报告
	防水层	涂膜防水层不得有渗漏和积水现象	雨后观察或淋水、蓄水24h检验
	细部	在天沟、檐沟、檐口、水落口、变形缝和伸出屋面管道的防水构造,应符合设计要求	观察检查
	厚度	涂膜防水层的平均厚度应符合设计要求,且最小厚度不得小于设计厚度的80%	针测法或取样量测
一般项目	粘结	防水层与基层应粘接牢固,表面应平整,涂布应均匀,不得有流淌、皱折、起泡、露胎体等缺陷	观察检查
	收头	涂膜防水层的收头应用防水涂料多遍涂刷	观察检查
	胎体增强材料	铺胎体增强材料应平整顺直,搭接尺寸应准确,应排除气泡,并应与涂料粘贴牢固,胎体增强材料搭接宽度允许偏差为-10mm	观察和尺量检查

三、任务 2　厚质防水涂料屋面施工

厚质涂料的涂层总厚度一般为 4～8mm，中间各层厚 1.3～1.5mm，表面层厚 ≥1.5mm。其做法有纯涂层，也有铺衬一层胎体增强材料。厚质涂料大多采用沥青基类防水涂料，如石灰膏乳化沥青涂料、膨润土乳化沥青涂料，焦油塑料涂料和聚乙烯胶泥等。价格便宜，但涂膜较脆，耐老化性能亦差，其颜色只能是黑色的，不适合现代建筑的要求。只应用于防水等级较低的屋面。

（一）施工准备

1. 技术准备

厚质涂料施工技术准备工作与薄质涂料相同。

要引起注意的是，厚质涂料施工对气温的要求也较高，有的厚质涂料在低温下仅在表面形成一层薄膜，气温降到 0℃ 时，涂层内部水分结冰，就有将涂膜冻胀坏的危险。

2. 材料准备

与薄质涂料一样，施工前做好基层处理剂、防水涂料、胎体增强材料等材料的准备工作。

（1）基层处理剂

对于沥青基类防水涂料，一般采用冷底子油，应依据厚涂层与基层的粘接性是否良好，合理选择具体品种。在大面积施工前要进行粘接力和厚度控制试验。一般可涂刷稀释石灰乳化沥青冷底子油或汽油沥青冷底子油，冷底子油的准备同卷材防水屋面中的相应内容。

其他涂料常用稀释后的涂料作其基层处理剂，但有些渗透性强的涂料，可不涂刷基层处理剂。

（2）防水涂料

厚质防水涂料供应品种有石灰膏乳化沥青涂料、膨润土乳化沥青涂料、石棉乳化沥青涂料等水乳型的沥青基涂料以及焦油塑料涂料、聚乙烯胶泥等热塑型涂料。

（3）胎体增强材料

同薄质防水涂料。

（4）水乳型沥青基厚质防水涂料

主要材料的参考厚度与用量如表 2-37 所示。

表 2-37　水乳型沥青基厚质防水涂料主要材料的参考厚度与用量

层　　次	一层做法	二层做法
	一布二涂	二布四涂
加筋材料/（m²/m²）	无纺布一层（1.25）	无纺布二层（2.43）
涂料总量/（kg/m²）	12	24
涂膜总厚度/mm	4	8
基层处理剂用量/（kg/m²）	0.5	0.5
第一遍用量/（kg/m²）	底层涂料 3.5	底层涂料 3.5
第二遍用量/（kg/m²）	铺无纺布一层、布面抹涂料 4.0	无纺布一层、布面抹涂料 4.0
第三遍用量/（kg/m²）	面层涂料 4.0	抹压涂料 4.0
第四遍用量/（kg/m²）	—	抹压涂料 4.0
第五遍用量/（kg/m²）	—	无纺布一层、布面抹涂料 4.0
第六遍用量/（kg/m²）	—	面层涂料 4.0

注：基层处理剂可用厚质涂料加一倍量的稀释剂搅匀即可。

3. 施工机具与防护用品准备

同薄质防水涂料施工。但厚质涂料流平性差，故要准备足够数量抹灰用的铁抹子、压子、阴阳角抿子用以压实抹光，或准备牛角刀、油灰刀、橡皮刮刀刮涂抹光；对焦油塑料涂料（塑料油膏）和聚氯乙烯胶泥需加热塑化后才能使用，故应准备必要的加热设备。

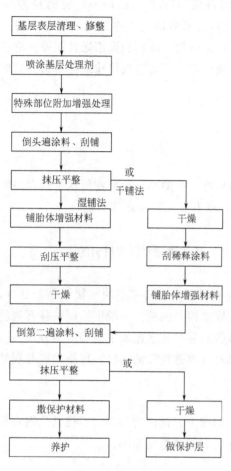

图 2-44　一布二涂厚质防水涂料施工
工艺流程示意

（二）防水层施工

图 2-44 是一布二涂厚质防水涂料施工工艺流程示意。

在进行厚质涂料防水层涂刷前，要做好基层表面清理、修整、涂刷基层处理剂，以及特殊部位附加增强处理等工序，这些工序与薄质涂料的做法和要求相同，此处不再重复。

1. 倒头遍涂料、刮铺

厚质涂料一般采用抹涂法或刮涂法施工。对于流平性能相对较差的涂料，需使用一般的抹灰工具（如铁抹子、压子、阴阳角抿子等）抹涂施工；对于流平性能相对较好的涂料即利用刮刀（牛角刀、油灰刀、橡皮刮刀）将厚质防水涂料均匀地刮涂在防水基层上。

（1）抹涂法操作

① 先将涂料搅拌均匀倒在基层上，用刮板将涂料刮平，待表面收水尚未结膜时，再用铁抹子进行压实抹光，如图 2-45 所示。抹压时间应适当，过早抹压起不到作用，过晚抹压，会使涂料粘住抹子，出现月牙形抹痕。

② 在屋面高低处（如女儿墙部位）的立面抹涂时，一般应由上而下、自左向右顺一个方向边压实边抹平，阴角接槎留在屋面的平面上。一般靠立面 30mm，阴角应抹成圆弧形，抹涂从阴角处开始，向屋面中间顺一个方向边推平边压实抹平、抹光，使整个抹面平整。

③ 抹涂一次成活，不留接槎或施工缝。

④ 涂层厚度应根据设计要求确定，厚薄一致、密实、平整，视涂料流平性能好坏来确定涂布次数。

（2）刮涂法操作

① 将涂料搅拌均匀后直接分散倒在屋面基层上，均匀用力按刀，使刮刀与被涂面的倾斜角呈 $50° \sim 60°$，如图 2-46 所示。刮涂时只能来回刮 1～2 次，不能往返多次刮涂，避免出现"皮干里不干"的现象。

② 为控制刮涂厚度，采用预先在刮板上固定铁丝（或木条）或在屋面上做好厚度标志，其高度与每遍涂料层厚度一致，一般需刮 2～5 遍，总厚度 4～8mm（见图 2-47）。

③ 为了加快施工进度，提高工效，也可采用分条间隔施工。

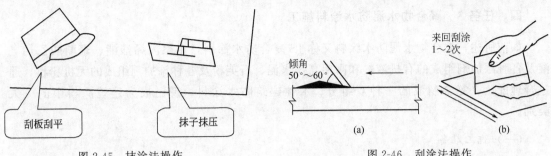

图 2-45　抹涂法操作　　　　　　　　　　图 2-46　刮涂法操作

④ 刮涂质量要求涂膜不卷边，不漏刮，厚薄均匀一致，不露底，无气泡，表面平整，无刮痕，无明显接槎。

2. 铺胎体增强材料

其铺贴方法和要求与薄质涂料施工时相同，可采用干铺法或湿铺法。但由于厚质涂料涂层较厚，在大坡面上有向下坠的趋势，故铺设方向与薄质涂料有些区别。屋面坡度小于 15°时，胎体增强材料应平行于屋脊方向铺设；屋面坡度大于 15°时，胎体增强材料应垂直于屋脊方向铺设，铺设时应从最低处向上操作。

做好收头处理，胎体增强材料在收头部位应裁齐，如有凹槽时应压在凹槽内，并用密封材料封压立面收头，待墙面抹灰时用水泥砂浆压封严密，不露边，否则应先进行处理后，再嵌涂密封材料。

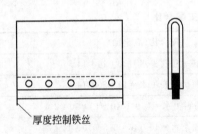

图 2-47　刮板上固定铁丝控制刮涂厚度

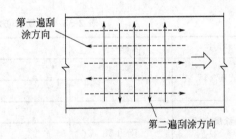

图 2-48　前后两遍刮涂方向垂直

3. 干燥及第二遍涂料涂抹

待第一遍涂料完全干燥后才可进行第二遍涂料施工。一般以脚踩不粘脚、不下陷（或下陷能回弹）为准，干燥时间不宜少于 12h，第二遍涂料涂抹前，必须严格检查第一遍涂层表面是否有气泡、皱折不平、凹坑、刮痕等缺陷，如有上述情况应立即修补好。

第二遍涂料刮涂方向应与第一遍相垂直，如图 2-48 所示，以提高防水涂层的整体性和均匀性，涂布方法同样视涂料流平性好坏采用抹涂法或刮涂法。

4. 撒保护材料及养护

同薄层防水涂料屋面。

（三）常见施工质量问题及防治措施

厚层涂料施工中常见质量问题及防治措施与薄层涂料大致相同，详见表 2-35。另外值得注意的是，由于厚质涂料耐热性较差，易出现涂膜流淌现象，其防治方法：一是进场前应对原材料抽样复查，不符合质量要求的坚决不用；二是做好保护层，发挥保护层对涂料流淌的阻滞作用。

四、任务3　聚合物水泥防水涂料施工

如前所述，聚合物水泥防水涂料又称 JS 复合防水涂料，由聚丙烯酸酯、聚醋酸乙烯乳液及各种添加剂组成的有机液料和高铝高铁水泥、石英粉及各种添加剂组成的无机粉料，通过合理配比、复合制成的一种双组分、水性建筑防水涂料。现已成为建筑涂料中的一大类别。

（一）施工准备

1. 材料准备

宜安排专人配料、计量，不得混入已固化或结块的涂料。涂料加水量应在规定范围内，在斜面或立面上施工，为了能挂住足够的涂料应不加或少加水；在平面上施工为了涂膜整体平整可多加些水，加水量控制在液料组分的 5% 以内。

液料配料如果需要加水，应先在液料中加水，用搅拌器边搅拌边徐徐加入粉料，之后充分搅拌均匀直至料中不含团料，搅拌时间 5min 左右，不用手工搅拌。JS 复合涂料的本色为乳白色，若选择其他颜色时，可加占液料质量的 5%～10% 的颜料制成的彩色涂料，颜料应选中性无机颜料，如氧化铁系列，其他颜料需先试验无异常后方可使用，颜料可直接放入液料部分中，粉料应用生产厂家配套的组分，不得用一般的水泥或其他粉料代替。施工时只需将液料和粉料按配合比要求称量拌合即可。JS 复合防水涂料施工配合比见表 2-38。

表 2-38　JS 复合防水涂料施工配合比

涂料用途	涂料类型	配合比（质量比）
打底层涂料	JS-Ⅰ型	液料∶粉料∶水＝10∶10∶14
	JS-Ⅱ型	液料∶粉料∶水＝10∶20∶14
其余涂层涂料	JS-Ⅰ型	液料∶粉料∶水＝10∶10∶0～10∶10∶2
	JS-Ⅱ型	液料∶粉料∶水＝10∶10∶0.5～10∶10∶3

2. 施工工具准备

施工工具准备见表 2-39。

表 2-39　JS 复合防水涂料施工工具

工具名称	用途
开刀、凿子、锤子、钢丝刷、扫帚、抹布	清理基面工具
台秤、水桶、称料桶、电动搅拌器、剪刀	称料配料工具
滚子、刷子、刮刀	涂覆工具

3. 施工环境温度条件

严禁在雨天和雪天施工；五级风以上时不得施工；不宜在特别潮湿又不通风的环境中施工，施工环境气温宜为 5～35℃，JS 产品是水乳性的，必须避免结冰失效。

（二）基面处理

① 清除基面表面的浮土、黄砂、石子等废料，保持施工面无灰尘、无油污、无明水。

② 基面表面平整、光滑、牢固，并达到一定的强度、整体性和适应变形能力，不得有起砂、蜂窝、麻面、砂眼、裂缝、渗漏，如基面起砂可先涂一遍 JS 涂料，基面有裂缝可先在裂缝处涂一层抗裂胶，渗漏处用"速凝型水不漏"进行堵漏处理。

③ 所有阴阳角处应做成圆弧角。

（三）防水层施工

1. 施工工艺

JS 复合防水涂料的施工工艺如下。

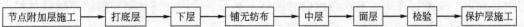

节点附加层施工 → 打底层 → 下层 → 铺无纺布 → 中层 → 面层 → 检验 → 保护层施工

其施工方法有 P3（三层）、P4（四层）、Q5（增强层）三种工法，针对不同的防水工程，可选择其中一种工法进行施工，一般屋面防水工程采用 Q5 工种。三种工法的施工要点见表 2-40。

表 2-40　JS 复合防水涂料施工工法

工法	P3(三层)工法	P4(四层)工法	Q5(增强层)工法
涂层构造简图	面层／下层／打底层	面层／中层／下层／打底层	面层／中层／增强层／下层／打底层
施工工序	打底层、下层、面层	打底层、下层、中层、面层	打底层、下层、增强层、中层、面层
涂料用量/(kg/100m²)	打底层 30，下层 90，面层 90，总用量 210，总厚度 d 为 0.8～1mm	打底层 30，下层 90，中层 90，面层 90，总用量 300，总厚度 d 为 1.2～1.4mm	打底层 30，下层 90，增强层 90，中层 90，面层 90，总用量 300，总厚度 d 为 1.3～1.5mm
适用范围	用于厕浴间、内外墙等防水工程	用于地下、水池、隧道等防水工程	用于屋面防水工程以及异形部位，如墙根、管根、阴阳角等的增强

2. 涂料涂覆

（1）节点附加层涂覆

在阴阳角、天沟、泛水、水落口、管根等部位先涂刷一遍涂料，并立即粘贴胎体附加层。粘贴时，应用漆刷摊压平整，与下层涂料贴合紧密，胎体材料可选择聚酯无纺布或化纤无纺布，胎体材料表面需再涂 1～2 遍防水涂料，接缝部位应先用密封胶胶严，随配随用。

（2）可用时间与干固时间

在一般条件下，涂料可用时间在 30min～3h 不等。现场环境温度低，可用时长些，反之短些。涂料过时稠硬后，不可加水再使用。涂层干固时间 4～6h，现场环境温度低，湿度大，通风差，干固时间长些，反之短些。

（3）涂大面底层涂料

节点附加层干燥成膜后，即可进行大面积底层施工，涂覆可采用刮涂、辊涂或刷涂，第一遍涂覆最好用刮板刮涂，以便与基面结合紧密，不留气泡，施工时，每遍涂刮的推进方向与前一遍相互垂直、交叉进行。对于涂覆较稀的料和大面积平面施工，可采用滚涂和刮涂工艺施工，对于较稠的料和小面积局部施工，宜采用刷涂工艺。

（4）逐次涂覆中间各层

按照选定的工法，按顺序逐层完成，各层之间的间隔时间以前一层涂膜干固不粘为准。在温度20℃的露天环境下，不上人施工约需3h，上人施工约需5h。待第一遍涂层表干后，即可进行第二遍涂覆，依此类推，直至涂层达到设计的厚度要求。各层应连续施工，不能间隔，涂覆要尽量均匀，切不能过厚或过薄，不能有局部沉积，并要多次涂刮，使涂料层次之间密实，不留气孔。

（5）增强层施工

为了增强涂层的拉伸强度，防止涂层下坠，要在涂层中增设胎体增强材料。其铺贴位置由设计确定。一般可在第二遍涂料涂刷时或第三遍涂料涂刷前铺贴第一层胎体增强材料。胎体增强材料的铺贴方法有两种，即前述的干铺法和湿铺法。

（6）面层施工

在增强层之外要再涂刷两层以上涂料，其要求和方法同中间各层。不得出现增强层外露现象。

（四）保护层施工

保护层（或装饰层）施工须在防水层完成两天后进行。一般用水泥砂浆保护层或粘贴块体材料保护层。

（1）聚合物水泥防水涂料本身含有水泥成分，易与水泥砂浆粘贴，水泥砂浆保护层时，可在其面层上直接抹刮粘接。为了方便，在防水层最后一遍涂覆后，立即撒上干净的中砂，等涂层干燥后，即可直接抹刮水泥砂浆保护层。

（2）在防水层上粘贴块体材料保护层，主要采用的块体材料有瓷砖、马赛克、大理石等。粘贴块体材料的胶结剂可用JS防水涂料黏结剂，按液料：粉料＝10：（15～20）调成腻子状即可。

（五）常见施工质量问题及防治措施

影响聚合物水泥基防水层的质量是多方面的，除防水材料本身的质量外，从施工工艺而言，它首先依靠防水基层的质量保证，其次是防水涂料的成膜过程，第三则是防水层面成型后的保护。

1. 基层质量不当引起的质量问题

（1）现象及原因

① 防水层开裂。由于温度变形、结构受力、二次浇筑不实等产生结构开裂带动防水膜开裂。

② 阳角创伤。基层阳角不易挂粘住足够厚度的涂层，同时锋利的尖角又易受外力作用而损伤。

③ 涂料表面露砂、有突棱。基层没有用铁抹子压光、表面粗糙，导致涂层有砂粒突出，或形成带形突棱。

④ 局部隔离。基层操作前被黏土、落地灰等粉质材料污染粘接，导致防水层不能渗透与基层结合，防水层与基层隔离，导致该部位防水层破裂。

（2）防治措施

① 对基层易产生裂缝的部位采取防水作业加强措施，如设防水涂料加强层，基层的阳角一定要按规定弧角验收。

② 防水层作业前要仔细检查基层表面质量，若有空鼓和裂缝，应事先修补好。

③ 对基层进行清理。清理基层的灰尘、油污、颗粒等杂物，补平基层沟槽，遇有不实可能起砂的表面应清除和补强。

2. 防水层作业不当引起的质量问题

（1）现象及原因

① 流坠。在立面或坡度较大的斜面，由于基层比较光滑，涂料一次涂刷过厚造成流坠，或下层涂料未凝固直接刷上一层涂料，将未凝固的下层涂料连带下坠。

② 厚皱。在平面或较小坡度的斜面、转角处等由于基层不平有坑，涂料集聚在低洼部位，使这些部位涂层偏厚，涂料里面的水分不易蒸发，成型后涂膜内的水分最终蒸发后产生皱皮。

③ 分层、起皮。防水层是分多遍涂刷成型的，若分遍时间太长，防水层遍间结合差、有分层现象，上下层分离起皮。

④ 沾砂。涂料未凝结时，由作业带入的砂土，形成局部沾砂，造成涂层砂眼。

⑤ 干聚。在高温阳光下施工时，涂料局部表面比较干燥，涂料涂刷后水分很快被蒸发或吸干，使涂料的有机粉料不能发挥作用，形成涂层脆散状缺陷。

⑥ 加强布隔离。设有胎布加强部位，由于胎布没有充分浸入涂层，形成上下层分离，或局部悬空。

（2）防治措施

① 作业前认真熟悉设计和规范要求，制订工艺操作规程。

② 严格按实际环境条件控制涂层的厚度和分遍的时间间隔。

③ 防止遍层表面污染，施工作业应有防踩踏措施。加强成品保护，对易损部位要有可靠防范。作业区应封闭，频繁易损口应加以防护覆盖，对下道或交叉作业工序应做防护。

④ 胎体增强材料布孔不宜太小，使上下遍涂料能通过布孔充满，使上下层涂料充分粘合，增强布要及时浸压摊平压实，有皱折部位应多遍加涂。

⑤ 涂刷作业应避开高温蒸发量高的时段，对基层干热的应提前 24h 喷洒适量的水分。涂刷作业完后，应喷水养护保持润湿。

子情境 3　金属板屋面施工

金属板材屋面主要是指采用厚度 0.4～1.6mm 的金属薄板经辊压冷弯成波形、V 形、U 形、W 形及其他形状的金属板材屋面。具有重量轻、高强、色泽丰富、施工方便快捷、抗震、防火、防雨、寿命长、免维护等特点，现已被广泛应用于工业与民用建筑、仓库、特种建筑、大跨度钢结构房屋的屋面。

一、相关知识

（一）金属屋面系统类型

常见金属屋面板包括打钉板系列、角驰系列、暗扣板和直立锁边屋面板系列等，详见表 2-41。

（二）防水构造层次

金属板屋面是由金属板面和屋架支撑结构组成，金属板屋面的耐久年限与金属板的材质

表 2-41　金属屋面系统类型

类型	连接型式	特点	用途
打钉板系列屋面系统	自攻螺钉　压型钢板　自攻螺钉　压型钢板	板材一般靠明钉固定(部分夹芯板用暗钉),安装方便,抗风能力强,但板材不能自由滑动,并会因屋面板热胀冷缩使自功钉形成悬臂摇晃面而被破坏;打钉点容易漏水	常用在屋面比较短、或使用时间不长的地方
角驰系列屋面系统	360　16　220　20　80　51 20　23　固定支架　咬边连接　自攻螺钉　YX51-360 角驰Ⅱ型	固定方式为咬合＋暗扣,板公、母肋与边支座咬合,板与中支座暗扣,板支座用支座钉固定在檩条上;支座不能滑动,支座与板又不完全咬合,热胀冷缩屋面极易破坏。防水效果要强于打钉板,但抗风效果相对较差	用在屋面比较短、使用时间不长或使用质量要求不高的地方。比如大雨篷、临时建筑等
暗扣板屋面系统	压型钢板　支架　固定支架　自攻螺钉	固定方式为板与支座暗扣,扣合深度及转角半径足以抵抗台风;板与板间,板与支座间都能相对滑动,具有完美的热胀冷缩补偿功能;板不需要锁边咬口,安装较为方便;要求板的母材强度必须达到 G550 以上	用于防风、防水要求较高的Ⅱ级防水屋面
直立锁边屋面板系统	锁边　直立锁边屋面板　锁边后	将固定座用螺钉固定在檩条上,再将屋面板扣在固定座的梅花头上;板与支座咬合,板公、母肋咬合在一起,并用专用锁边机强化咬口锁边可达 360 度,增强了抗风性能;板在支座上可以适当滑动,具有完美的热胀冷缩补偿功能,防水效果好	复杂的大型场馆采用,用于防风、防水及耐久性要求高的Ⅰ级防水屋面

有密切关系,尽管金属板屋面所使用的金属板材具有良好的防腐蚀性,但由于金属板的伸缩变形受板型材连接构造、施工安装工艺和冬夏季温差等因素影响,使得金属板屋面渗漏水情况比较普遍。故Ⅰ级防水屋面应遵循两道防水设防的原则。见表 2-42。

表 2-42　金属板屋面防水等级和防水做法规定

防水等级	防水做法
Ⅰ级	压型金属板＋防水垫层
Ⅱ级	压型金属板、金属面绝热夹蕊板

注:1. 在防水等级为Ⅰ级时,压型铝合金板厚度不应小于 0.9mm,压型钢板基板厚度不应小于 0.6mm。

2. 在防水等级为Ⅰ级时,压型金属板应采用 360°咬口锁边连接方式。

3. 在Ⅰ级屋面防水做法中,仅作压型金属板时,应符合《金属压型板应用技术规范》等的相关技术规定。

金属屋面自上而下有下列三种基本构造层次。实际工程中,可根据建筑物性质、使用功能、气候条件等因素进行组合。

① 构造层次 1:金属面绝热夹蕊板→支撑结构。

② 构造层次 2:上层压型金属板→防水垫层→保温层→底层压型金属板→支撑结构。

③ 构造层次 3：压型金属板→防水垫层→保温层→承托网→支撑结构。

（三）材料

（1）金属板材

有镀层钢板、涂层钢板、铝合金板、铝镁锰合金板、不锈钢板和钛锌板供应，可根据建筑物实际情况选用。

（2）防水垫层

是设计在金属板材下面，起防水防潮作用的构造层。可采用自黏聚合物沥青防水垫层、聚合物改性沥青防水垫层，其最小厚度分别为 1.0mm、2.0mm；最小搭接宽度分别为 80mm、100mm。

（3）保温层

可按表 2-8 选用板状材料或纤维材料。通常采用玻璃丝棉或挤塑泡沫板。其厚度根据地区现行建筑节能设计标准，经计算确定。在保温层下面宜设置隔汽层，在保温层上面宜设计防水透气膜。

（四）构造要求

（1）屋面的排水坡度

压型金属板采用咬口锁边连接时，屋面的排水坡度不宜小于 5%；压型金属板采用紧固件连接时，屋面的排水披度不宜小于 10%。

（2）伸缩缝

① 金属檐沟、天沟的伸缩缝间距不宜大于 30m；内檐沟及内天沟应设置溢流口或溢流系统，沟内宜按 0.5% 找坡。

② 金属板的伸缩变形除应满足咬口锁边连接或紧固件连接的要求外，还应满足檩条、檐口及天沟等使用要求，且金属板最大伸缩变形量不应超过 100mm。

（3）压型金属板连接构造

① 压型金属板采用咬口锁边连接的构造符合下列规定。

a. 在檩条上应设置与压型金属板波形相配套的专用固定支座，如图 2-49 所示。并应用自攻螺钉与檩条连接。

图 2-49　压型金属板配套的专用固定支座

b. 压型金属板应搁置在固定支座上，两片金属板的侧边应确保在风吸力等因素作用下扣合或咬合连接可靠。

c. 在大风地区或高度大于 30m 的屋面，压型金属板应采用 360°咬口锁边连接。

d. 大面积屋面和弧状或组合弧状屋面，压型金属板的立边咬合宜采用暗扣直立锁边屋面系统。

e. 单坡尺寸过长或环境温差过大的屋面，压型金属宜采用滑动式支座的 360°咬口锁边连接。

② 压型金属板采用紧固件连接的构造应符合下列规定。

a. 铺设高波压型金属板时，在檩条上应设置固定支架，固定支架应采用自攻螺钉与檩条连接，连接件宜每波设置一个。

b. 铺设低波压型金属板时，可不设固定支架，应在波峰处采用带防水密封胶垫的自攻螺钉与檩条连接，连接件可每波或隔波设置一个，但每块板不得少于3个。

c. 压型金属板的纵向搭接应位于檩条处，在支撑构件上的搭接长度见表2-43。

表 2-43 压型金属板的纵向最小搭接长度 单位：mm

压型金属板		纵向最小搭接长度
高波压型金属板		350
低波压型金属板	屋面坡度≤10%	250
	屋面坡度>10%	200

d. 压型金属板的横向搭接方向宜与主导风向一致，搭接不应小于一个波，搭接部位应设置防水密封胶带。搭接处用连接件紧固时，连接件应采用带防水密封胶垫的自攻螺钉设置在波峰上。

③ 金属板屋面铺装的有关尺寸应符合下列规定。

a. 金属板檐口挑出墙面的长度不应小于200mm，如图2-50所示。

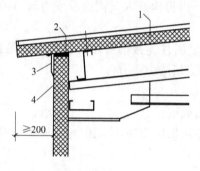

图 2-50　金属板材屋面檐口　单位：mm
1—金属板；2—通长密封条；
3—金属压条；4—金属封檐板

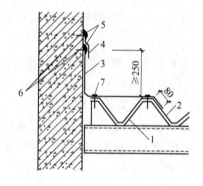

图 2-51　压型金属板屋面山墙
1—固定支架；2—压型金属板；3—金属泛水板；
4—金属盖板；5—密封材料；6—水泥钉；7—拉铆钉

b. 金属板伸入檐沟、天沟内的长度不应小于100mm。

c. 金属泛水板与突出屋面墙体的搭接高度不应小于250mm，如图2-51所示。

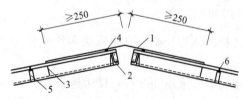

图 2-52　金属板材屋面屋脊
1—层脊盖板；2—墙头板；3—挡水板；
4—密封材料；5—固定支架；6—固定螺栓

d. 金属泛水板，变形缝盖板与金属板的搭盖宽度不应小于250mm。

e. 金属屋脊盖板在两坡面金属板上的搭盖宽度不应小于250mm。屋面板端头应设挡水板和堵头板。如图2-52所示。

④ 压型金属板和金属面绝热夹芯板的外露自攻螺钉、拉铆钉，均应采用硅酮耐候密封胶密封。

⑤ 固定支座应选用与支承构件相同材质的金属材料。当选用不同材质金属材料并易产生电化学腐蚀时，固定支座与支撑构件之间应采用绝缘垫片或采取其他防腐蚀措施。

二、任务 1　彩钢夹芯板屋面施工

彩钢夹芯板是将聚苯乙烯（EPS），玻璃（岩）棉或聚氨酯作为填充芯材，与预先辊压成型的彩钢板经高强度粘接剂，一次复合而成的双金属面夹芯板，如图 2-53 所示。彩钢夹芯板是一种轻质高强、集承重、隔热保温、防水装饰于一体的多功能新型建筑板材。

(a) 瓦楞搭接型夹芯板　　　　　　　　　(b) 瓦楞盖帽型夹芯板

图 2-53　彩钢夹芯板

（一）施工准备

1. 技术准备

（1）主体结构和支撑结构应验收合格，檩条已按设计规定的规格和间距安装完毕，并办理隐检手续，屋面基层符合设计要求。

（2）应根据施工图纸进行深化排板图设计；金属板铺设时，应根据金属板板型技术要求和深化设计排板图进行。

（3）施工前编制好施工方案，画出节点构造图，逐级进行技术、安全交底。

2. 材料准备

（1）彩钢夹芯板

① 产品代号　彩钢夹芯板代号：硬质聚氨酯泡沫夹芯板 JYJB；聚苯乙烯夹芯板 JJB。夹芯板的连接代号：插接式挂件连接 Qa；插接式紧固件连接 Qb；拼装式紧固件连接 Qc。

② 标记码　现以如图 2-54 所示 JYJB42-333-Qa1000 彩钢夹芯板为例，该标记码表示波高 42mm，波与波之间间距为 333mm，单块插接式挂件连接的硬质聚氨酯泡沫夹芯板，有效宽度为 1000mm。

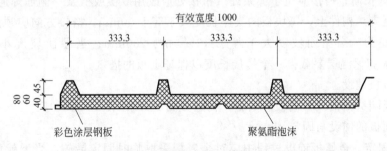

图 2-54　彩钢夹芯板　单位：mm

③ 夹芯板进场检验。同原料、同生产工艺、同厚度按 150 块为一批，不足 150 块的按一批计。在每批产品中随机抽出 5 块进行规格尺寸和外观质量检验，从规格尺寸和外观质量检验合格的产品中，随机抽出 3 块进行物理性能检验。外观质量要求：表面平整、无明显凹凸、翘曲、变形；切口平直，切面整齐，无毛刺；芯板切面整齐，无剥落。物理性能检验：

剥离性能、抗弯能力、防火性能。

④ 所用材料的密度、热导率等技术性能必须符合现行国家标准《屋面工程质量验收规范》（GB 50207）及设计的要求，并有试验记录。异型板（包括泛水板、屋脊板、封檐板、包角板等）应采用与屋面板材料相同的彩色钢板弯制成型，厚度应不小于0.6mm。

（2）连接件

包括板材固定夹、自攻螺钉、拉铆钉、膨胀螺栓、压盖等，其规格、性能应符合现行标准的规定。

（3）密封材料

包括密封胶带、密封条、泡沫堵头、密封胶等，其规格、性能应符合现行标准的规定，且使用年限宜大于或等于夹芯板使用年限。

3. 机具设备准备

切割机、电焊机、钢丝线、紧线器、钢丝绳及吊装设备、自攻钻、射钉枪、旋具、钳子、铁皮剪子、扳子、钢锯、锤子、钢尺、笤帚、防护手套等。

（二）配板

① 根据设计图纸及现场实际屋面部分的尺寸绘制的板块排列图，以此为依据，切割各种板块。将切割完毕的板块按排列图顺序编号，以便于施工。

② 将经过切边的彩钢夹芯板的夹芯泡沫清除干净。并核对屋角板、包角板、泛水板均已切割完毕。

③ 彩钢夹芯板堆放场地应平坦、坚实，且便于排除地面水。堆放时应分层，沿长度方向加放垫木。人工搬运时不得搬搭接钢板处，机械吊运应采用专用吊具。

（三）铺钉彩钢夹芯板

屋面板的铺钉顺序从檐口一端开始，往另一端和屋脊方向同时铺设。先铺封檐板，再铺大面屋面板，最后铺屋脊板。

（1）拉线定位

① 铺板时应拉通线，做到纵横对齐。

② 横向搭接方向宜与主导风向一致，搭接尺寸视具体板型确定。

③ 纵向（长向）搭接应位于檩条处（搭接处应改用双檩或檩条一侧加焊通长角钢），两块板均应伸至支撑构件上，每块板的支座长度大于等于50mm。搭接方向应顺流水方向，其纵向搭接长度为：当屋面坡度大于等于10%时为200mm；当屋面坡度小于10%时为250mm，下板和保温层要截去一个搭接长度以保证上板的搭接。

（2）檐口板铺设

沿夹芯板端头，铺设封檐板并固定，构造如图2-55所示。

（3）屋面板的铺设与固定

① 临时固定。金属板铺设过程中应对金属板采取临时固定措施，当天就位于的金属板材应及时连接固定。固定位置的要求：自攻螺钉、拉铆钉用于屋面时设于波峰；用于墙面时设于波谷。用紧固件紧固两端后，再安装第二块板。安装到下一标志点处时，复核安装偏差，确定满足设计要求后将板材全面紧固。

② 最终紧固。铺设时，每块屋面板两端的支撑处要用自攻螺钉与檩条固定：可每波或隔波设置1个，但每块板与同一根檩条的连接不得少于3个，在屋脊、檐口处的连接点宜适

当加密。钻孔时，应垂直地将屋面板与檩条一起钻透。

（4）密封

将夹芯板固定在檩条上的自攻螺钉，应采用屋面板压盖和带防水密封胶的自攻螺钉。纵、横向搭接部位均应设置防水密封胶带，并应用拉铆钉连接。

（5）屋脊铺设

首先，沿屋脊线在相邻两檩条上铺托脊板，在托脊板上放置屋面板，将屋面板、托脊板、檩条用螺栓固定；其次，向两坡屋面板沿屋脊形成的凹型空间内填塞聚氨酯泡沫，再在两坡屋面板端头粘好聚乙烯泡沫堵头；最后，再用拉铆钉将屋脊板、挡水板固定，并加通长胶带，如图 2-56 所示。

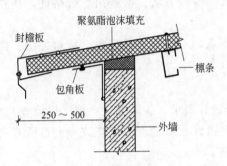

图 2-55　檐口铺设示意　单位：mm

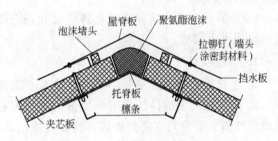

图 2-56　屋脊铺设示意

（6）屋面板与山墙相接处理

沿墙采用通长轻质聚氨酯泡沫或现浇聚氨酯发泡密封，屋面板外侧与山墙顶部用包角板统一封包，包角板顶部向屋面一侧设 2% 坡度，如图 2-57 所示。

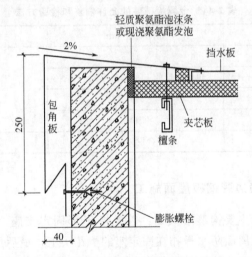

图 2-57　屋面板与山墙相接处示意图　单位：mm

（四）淋水试验

屋面板铺钉完毕后，可采取喷洒水做淋水试验，淋水时间不少于 2h，检查屋面是否有渗漏现象，如发现问题，应及时对渗漏点进行修补。

（五）常见施工质量问题

① 板材固定不牢固，节点部位未严格按照设计要求施工，保证接槎严密，螺栓未拧紧。

② 板间密封条不连续，拉铆钉和搭接口未用密封条封严，接缝不严密，屋面板出现渗漏水现象。

③ 施工时不挂线，檐口不平直，出檐不一致；天沟、斜沟表面平整度及坡度不均匀一致。

④ 屋面不平整，上下瓦楞不吻合，搭接长度不符合要求，表面平整度差。

⑤ 不注意成品保护，施工屋面板时，造成屋面外层钢板受伤、划痕；屋面施工中杂物清理不及时，杂物堵塞水落口、斜沟等。

（六）施工质量检验

1. 主控项目

① 金属板材及辅助材料的质量，应符合设计要求。检验方法：检查出厂合格证、质量检验报告和进场检验报告。

② 金属板材的连接和密封处理，必须符合设计要求，不得有渗漏现象。检验方法：雨后观察或淋水试验。

2. 一般项目

① 金属板的铺装应平整、顺滑；排水坡度应符合设计要求。检验方法：坡度尺检查。

② 金属板的紧固件连接应采用带防水垫圈的自攻螺钉，固定点应设在波峰上；所有自攻螺钉外露的部分均应密封处理。检验方法：观察检查。

③ 金属面夹芯板的纵横向搭接，应符合设计要求。检验方法：观察检查。

④ 金属板的屋脊、檐口、泛水、直线段应顺直，弯曲线段应顺畅。检验方法：观察检查。

⑤ 金属板材铺装的允许偏差和检验方法，应符合表 2-44 的规定。

表 2-44　金属板铺装的允许偏差和检验方法

项目	允许偏差/mm	检查方法
檐口与屋脊的平行度	15	拉线和尺量检查
金属板对屋脊的垂直度	单坡长度的 1/800，且不大于 25	
金属板咬缝的平整度	10	
檐口相邻两板的端部错位	6	
金属板铺装的有关尺寸	符合设计要求	尺量检查

三、任务 2　直立锁边彩钢板屋面施工

直立锁边屋面系统的主要构造形式是：首先将 T 形固定支座（一般为铝合金材质）固定在主结构檩条上，再将屋面防水板扣在固定座的梅花头上，最后用电动直立锁边机将屋面板的搭接边咬合在一起。由于通过带肋的金属屋面板互相咬合，不需螺钉固定，属于一种无穿刺的系统。整个屋面不但美观、整洁，而且板在支座上可以滑动，具有完美的热胀冷缩补偿功能，从而达到防水、防风目的，是一种新型、先进的屋面系统。

图 2-58、图 2-59 分别为直立锁边屋面系统的两种经典做法。图 2-58 自上而下主要由直立锁边屋面板（上层压型金属板）、固定支座、热拔铝箔（防水透气层）、玻璃丝棉或挤塑泡沫板（保温层）、无纺布（防潮隔汽层）、压型冲孔彩钢板（底层压型金属板）、檩条（支撑结构）等构件组成。图 2-59 则将底层压型金属板改为钢丝网作承托层。现以图 2-58 做法为

例介绍其施工方法。

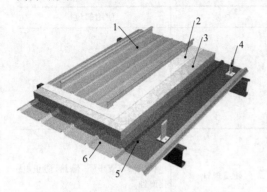

图 2-58 直立锁边屋面系统经典做法一
1—直立锁边屋面板；2—拔热铝箔；
3—玻璃丝棉或挤塑泡沫板；4—固定支座；
5—无纺布；6—压型冲孔彩钢板

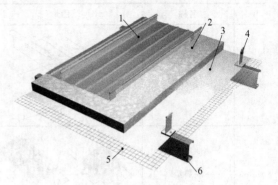

图 2-59 直立锁边屋面系统经典做法二
1—直立锁边屋面板；2—玻璃丝棉或挤塑泡沫板；
3—PVC 加筋膜；4—固定支座；
5—钢丝网；6—檩条

（一）施工准备

1. 技术准备

① 熟悉与会审施工安装图纸，计算工程量，编制施工机具、设备需要量计划。主体钢结构和支承结构应验收合格。

② 用于安装屋面的脚手架搭设完毕。

③ 已制订各种成品及半成品加工技术资料的准备和计划。

④ 应根据施工图纸进行深化排板图设计；金属板铺设时，应根据金属板板型技术要求和深化设计排板图进行。

2. 材料准备

（1）直立锁边屋面板

金属板属于高波屋面板，可以是铝镁锰合金板，也可以是镀铝锌钢板。图 2-60 所示为直立锁边屋面板常用的四种板型，压型板由板材压型机一次投料加工完成，设备就位后需做现场调试，生产前应做试生产，样品合格后方可进行生产。成型后的压型板必须符合《建筑用压型钢板》（GB/T 12755）标准。

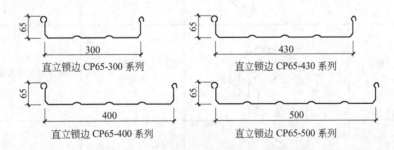

直立锁边 CP65-300 系列

直立锁边 CP65-430 系列

直立锁边 CP65-400 系列

直立锁边 CP65-500 系列

图 2-60 直立锁边屋面板常用的四种板型

（2）常用零配件

直立锁边屋面系统由一系列的配套零配件组成，常用零配件的使用部位和材质要求见表 2-45。

表 2-45 直立锁边屋面板常用零配件一览表

序号	名称	图形	材质	使用部位
1	固定支座		铝合金	与屋面板和檩条连接
2	隔热垫	(1 个固定座下)　(2 个固定座下)	硬质塑料	设于固定支座下，隔热、防止电化腐蚀
3	檐口泡沫塑料堵头		发泡聚乙烯	檐口压型铝板（钢板）下方
4	屋脊泡沫塑料堵头		发泡聚乙烯	屋脊堵水
5	U 形屋脊挡水板		铝合金板特制	屋脊挡水
6	屋脊盖板		铝板或不锈钢板	盖屋脊用
7	屋脊盖板伸缩件		带铝板的橡胶	屋脊盖板伸缩缝用
8	压型泛水板		铝合金板材或镀铝锌板材	檐口及水沟边

续表

序号	名称	图形	材质	使用部位
9	固定夹具		铝合金或镀锌钢型材	固定屋面物件及加固屋面板结构用
10	自攻螺钉		不锈钢高强钢	固定支座固定
11	抽芯接铆钉		不锈钢和铝封闭型号抽芯铆钉	铝板、镀铝锌板连接

3. 工机具准备

手动切割机、电动锁边机、电动扳手、定位扳手、电焊机、手提电钻、拉铆枪、专用订书机、裁纸刀、钢尺、防护手套、云石锯、钳子、胶锤、钢丝线、紧线器、钢丝绳及吊装设备。

（二）屋面系统施工

直立锁边屋面系统的施工工艺为：施工檩条结构→安装屋面底层板→安装固定支座→铺贴无纺布→铺贴保温层→铺贴拔热铝箔层→安装上层压型金属板。

（1）檩条结构施工

如图 2-61 所示，直立锁边屋面连接结构通常是在主钢构上安装调坡支托，在支托上依次安装主次檩条。主次檩条分别通过螺栓与相应的檩托板连接。其施工工序如下。

① 钢结构标高偏差测量。在屋面施工前进行钢结构偏差的测量，根据测量数据加工主、次檩檩托，根据檩条的长度确定檩托板位置并编号。

② 安装檩托。根据已测设的位置将不同高度的檩托对号入座。次檩托在就位后与主檩条进行焊接，焊脚高度不小于 6mm，并进行围焊，在清除焊渣后进行防腐处理。

③ 安装檩条。檩托焊接后重新在檩托板上测出标高，根据已知标高进行檩条安装，利用椭圆孔进行细部微调，并利用钢垫片焊接定位。

檩条安装是整个屋面系统的基础，安装顺序为由屋面低处向屋面中心施工。安装的好坏关系到屋面连接件的安装精度及屋面能否达到自由滑移的要求。屋面檩条除保证自身连接要求外，檩条的安装位置、标高、弧度、挠度、间距应符合屋面板安装精度要求，一般相邻檩条顶面高差控制在 3～5mm 以内。

（2）安装底层压型钢板

压型后的彩钢底板在施工现场采用现场塔吊吊至屋面工作平台之上，部分不能用塔吊直接吊运就位的板采取人工搬运的方式抬至屋面施工作业面。

① 根据屋面底板排板设计要求铺装底板，每件底板横向搭接不少于一个波距，纵向搭接长度不得小于 150mm。并用自攻螺钉将钢底板固定在屋面檩条上，螺钉固定间距需符合设计要求，底板与檩条的连接固定应牢固可靠。

② 压型彩钢底板安装完毕需符合排板设计，边部连接牢固与檩托相交处开口准确，板

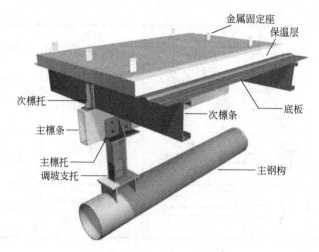

图 2-61　直立锁边屋面连接结构

面无残留物及污物存在。

③ 安装好的压型钢底板接缝严密，接搓顺直，锚固可靠，表面平整。

（3）安装固定支座

铝合金固定支座施工程序：依施工图纸核对尺寸→安装弹线→依弹线位置安装固定座。其施工要求如下。

① 固定支座安装时底部应带有塑料隔热垫。

② 首先在檩条上"放线"，以确定第一排固定座安装的控制线，并垂直于屋脊，允许偏差为 $L/1000$。

③ 固定支座的间距在横向与板肋相对应，在纵向与檩条间距相一致，用尺划线定位。安装精度要求：横向中心偏差≤6mm，纵向直线度偏差≤±5mm。

④ 固定支座采用自攻螺钉与檩条连接，每个固定支座的两侧至少应对称各设 2 个自攻螺钉固定，固定支座安装朝向正确，所有螺钉固定均使用电动紧固工具，以保证紧固力矩。

（4）铺贴无纺布

无纺布作为屋面底层彩钢板与保温层的隔离层，用配套的胶黏剂粘贴，可采用空铺法方案，但无纺布与基层之间要清除气泡、压平贴紧，搭接长度符合要求，搭接处用双面丁基胶带全线粘接，对需开口处用丁基胶带封闭四周，以达到无缝无孔。

（5）保温层施工

① 检查清理底板上的杂物，将保温层铺设在底板上部。铺贴时，连接保温层的双面胶胶带要揭开。保温层必须满铺，不得漏铺或少铺，边角部位仍需铺设严密。

② 保温层上、下层错缝铺设搭接长度≥100mm，铺贴时张力要适度，要求缝隙间挤紧严密，边角部位填充饱满，表面平整，不出现褶皱，外形保持完好。

③ 浸水及未干燥的保温材料不得使用，以确保施工质量。

（6）天沟施工

如图 2-62 所示天沟防水处理构造，在屋面板檐口端部设通长铝合金角铝，一方面可增强板端波谷的刚度，另一方面可形成滴水片，使屋面雨水顺其滴入天沟，而不会渗入建筑物内。在滴水角铝与屋面板之间，在安装屋面面板时塞入与屋面板板型一致的泡沫密封条，使板肋形成的缝隙能够被完全密封，防止因风吹灌入雨水，如图 2-63 所示。

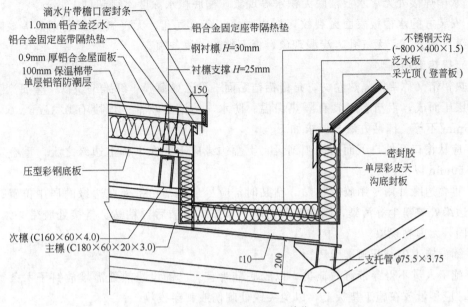

图 2-62　天沟防水处理构造　单位：mm

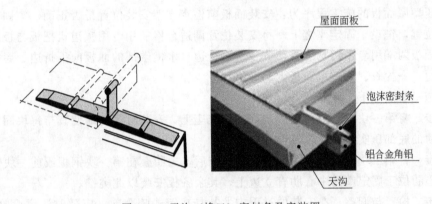

图 2-63　天沟（檐口）密封条及安装图

天沟一般为 800mm 宽，300mm 深，在天沟内设虹吸排水斗，利用其在一定水深时可以形成负压满流的特点，快速排走沟内积水。

天沟的施工程序：检查钢结构骨架位置是否准确→铺设天沟下保温棉→不锈钢天沟板折弯成型→摆放就位后整体测量→点焊固定、调校摆放位置→三边满焊、清理钢渣→安装落水口→安装雨水罩。

天沟的施工要点如下。

① 将加工好的不锈钢水槽在屋面天沟处搭接拼装，放置到位，一律满焊不得有任何渗漏现象，连接件的数量和间距需符合设计要求及有关规定。

② 水槽板拼装规整、焊接良好、外观无显著变形。

③ 水槽板安装后槽底平整，无较大变形，尺寸符合设计要求。

④ 不锈钢水槽板必须采用高频保护氧体焊接工艺。

⑤ 不锈钢天沟焊接时注意钢结构底部的水平度，并根据屋面排水方式，在特定范围内保持一定坡度。在特定距离内加装伸缩缝，以防屋面水槽因钢结构变形，使水槽板拉裂。

⑥ 水槽焊接处无渗水、槽底无积水等现象，槽底积水深度不得超过 15mm。

⑦ 安装好的水槽板表面无裂纹，裂边腐蚀，穿通气孔，无轻微的压过划痕等缺陷。水槽板焊缝成型良好，无气孔，渗漏现象，板面整洁，线条顺直。

（7）拔热铝箔铺贴

拔热铝箔又称铝箔隔热卷材，是由铝箔贴面＋聚乙烯薄膜＋纤维编织物＋金属涂膜通过热熔胶层压而成，铝箔卷材具有隔热保温、防水、防潮等功能。厚度有 0.3mm、0.49mm 和 0.65mm 不等。铺贴方法与要求如下。

① 应从檐口开始自下而上逐幅铺设，上幅边缘应重叠在下幅上边缘之上，重叠宽度应控制在 50mm 以上。

② 重叠边缘处用专用胶带粘贴。粘贴时，应尽量使粘贴带处在边缘的居中位置。若需粘贴的边缘处被粉尘等污染，则在粘贴前用干布擦拭清洁后再粘贴。搭接处胶带必须密封，粘接牢固，无虚粘现象。

③ 铺设施工应避开雨雾天气。

④ 施工人员不得穿带钉的鞋类，以胶底鞋为宜。已铺设拔热处需堆放钉子木条等施工材料时，应尽量放在施工垫板上，以免尖锐处刺伤或刺穿拔热。

（8）施工上层压型屋面板

上层压型屋面板的施工程序为：安装面板前检查支架安装位置是否正确、牢固→将面板搬至安装位置，铺设于固定座之上→将安装位置调适合格后用专用锁边机把板与板的大小肋咬合→将面板两端用专用切割工具切齐→端部折边（水槽端部的面板向下折边、屋脊端部面板向上折边）→检查、清理屋面板上的杂物。

具体施工要点如下。

第一步 将第一块钢板安装已固定好的固定座上，安装时用脚踩使其与每块固定座的中心肋和内肋的底部压实，并完全咬合。

第二步 将第二块钢板放在第二列固定座上后，内肋叠在第一块钢板或前一块钢板的外肋上，中心肋位于固定座的中心肋直立边上，其余各板安装以此类推。

第三步 检验与调整。在安装的过程中尤其是在正式咬合前，应随时注意检验与调整。检验的主要内容包括：

a. 检验板材与固定座是否完全连锁及屋面板平行度是否符合要求。其方法是沿着正在安装的钢板的全长走一次，将一只脚踩在紧贴重叠内肋底板处，另一只脚以规则的间距踩压联锁肋条的顶部，同样也要踩压每个夹板中心肋的顶部，为了达到完全联锁，重叠在下面的外肋的凸肩，必须压入搭接内肋的凹肩。

b. 测量已固定好的钢板宽度。在其顶部和底部各测一次，以保证不出现移动扇形，以保证所固定的钢板与完成线平行。若需调整，则可以在以后的安装和固定每一块板时很轻微的做扇形调整。

第四步 咬合固定锁边。对于已咬在固定座上的屋面板，调整至正确的位置后，用咬口锁边机沿板材方向咬口锁边。

第五步 密封清理。全部固定完毕后，板材搭接处用擦布清理干净，涂满密封膏，用密封膏枪打完一段后，再用手轻擦使之均匀。泛水板等防水点处应涂满密封膏。每天退场前清理废钉和杂物，以防止氧化生锈。工程全部完工应全面清理杂物，检查已做好的地方是否按要求完成好，如不合理要马上进行返修。

上层压型屋面板的施工要求如下。

① 将金属卷板及专用压型设备运至施工现场，根据测量所得屋面板长度现场压制面板。每件板在铺装时尽可能纵向无搭接，为一通长板。

② 由于屋面板制作长度可达任意要求，成型板的长度较大，为防止压型板在起吊过程中的变形，施工前拟搭设马道，通常以人工搬运方式运至屋面安装位置。

③ 依屋面排板设计，将屋面压型板铺设在保温层之上，固定点设置正确、牢固。

④ 屋面板横向搭接咬合施工。屋面板安装时，板小肋边朝安装方向一侧，以利安装。屋面板的搭接，其主要是横向搭接。该系统屋面板的横向搭接不用自攻螺钉，主要是通过公肋与母肋的咬合来实现，即 360°的锁缝咬合，如图 2-64 所示。公肋与母肋已在车间由压板机通过 16 道轧辊的逐步滚压，预制成 240°折边，现场安装时，公、母肋扣合后通过专用的电动咬边机实现咬合，只需对自由边和斜边各卷压 60°就完成了 360°的锁缝咬合，可使屋面板的镀层或涂层在滚压咬合时不受伤。母肋直立缝的顶端预置了不干胶，当咬合完成后，不干胶弥漫于咬合缝内，阻断毛细现象的发生，以获得如图 2-65 所示的咬合效果。

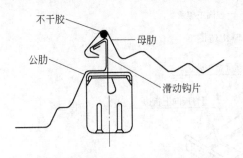

图 2-64　板横向搭接 360°锁缝咬合示意

图 2-65　电动咬边机咬合效果

⑤ 屋面板接口的咬合方向需符合设计要求，即相临两板接口咬合的方向，应顺最大频率风向；当在多维曲面的屋面上雨水可能翻越屋面板的肋高横流时，咬合接口应顺水流方向。

⑥ 屋面板纵向搭接方式采取台阶式搭接做法，上下搭接方向应顺水流方向。搭接长度符合表 2-43 的规定。

⑦ 屋面板在水槽上口伸入水槽内的长度不得小于 100mm，通常为 120～150mm。屋面板安装完毕，还应仔细检查其咬合质量，如发现有局部拉裂或损坏，应及时做出标记，以便焊接修补完好，以防有任何渗漏现象发生。

⑧ 屋面板安装完毕，檐口收边工作应尽快完成，板边收边使用圆形风车锯，修剪檐口和天沟板的板边，修剪后应保证伸出长度与设计尺寸一致，泛水板、封檐板安装牢固，包封严密，棱角顺直，成型良好。

⑨ 安装完毕的屋面板外观质量符合设计要求及国家标准规定，安装符合排板设计，固定点设置正确、牢固；面板接口咬合正确紧密，板面无裂缝或孔洞。

（9）屋脊防水处理

屋脊不宜采用将屋脊盖板直接通过自攻螺钉与屋面板板肋连接，再将屋脊盖板边缘剪口下弯封住波谷空隙的方式，这种方式由于螺钉直接穿透屋脊盖板及屋面板，一旦钉孔出现密封不严，雨水就会从钉孔渗漏入建筑物内。

宜用与板型相吻合的铝合金密封件与屋面板板肋用防水铆钉连接固定，并在密封件后塞入与板型一致的屋脊泡沫密封条，作为屋脊处第一道阻水屏障，然后将屋脊盖板与密封件用铆钉在中间固定，用耐候胶做封闭处理。即使外露的铆钉漏水，雨水也是滴在屋面板上而不是室内。屋面板的端部采用专用工具上弯，形成第二道阻水屏障，这样屋面板上的雨水就无法被风吹入板端接缝，如图 2-66、图 2-67 所示。

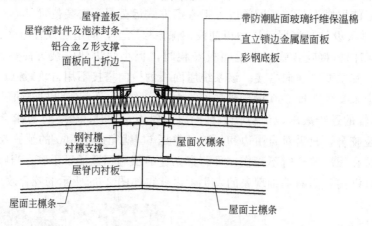

图 2-66　屋脊防水处理构造图

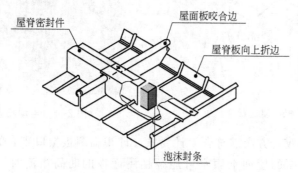

图 2-67　屋脊处金属密封件与泡沫密封条

（三）淋水试验

屋面板铺装完毕后，可采取喷洒水做淋水试验，淋水时间不少于 2h，检查屋面是否有渗漏现象，如发现问题，应及时对渗漏点进行修补。

（四）施工质量检验

同金属夹芯板材屋面的质量验收标准。一般项目中还包括：压型金属板的咬口锁边连接应严密、连续、平整，不得扭曲和裂口。检验方法：观察检查。

直立锁边金属屋面板的安装允许偏差要求相对较高，应满足表 2-46 的要求。

表 2-46　直立锁边金属板铺装的允许偏差和检验方法

项目	允许偏差/mm	检查方法
平整度	2.5	2m 靠尺、钢板尺
竖缝直线度	2.5	2m 靠尺、钢板尺
横缝直线度	2.5	2m 靠尺、钢板尺
缝宽度	1	卡尺
两邻两板面间接缝高低差	1.0	深度尺

小　结

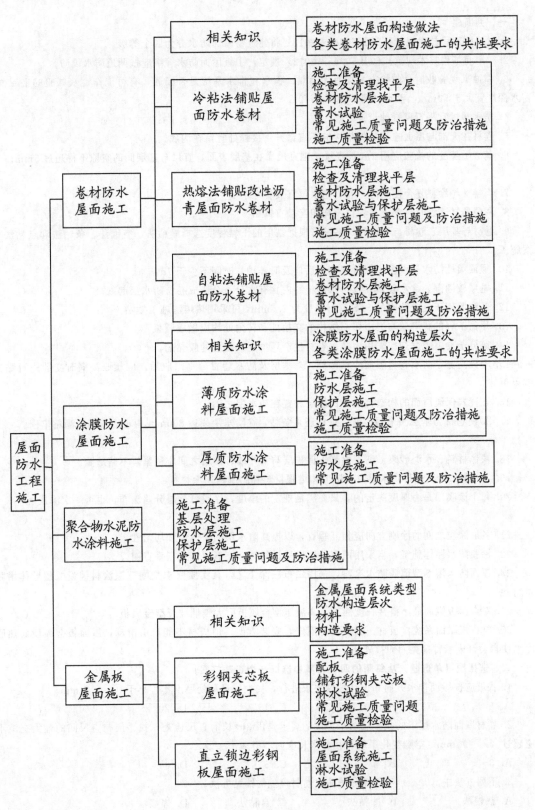

自 测 练 习

一、判断题

1.《屋面工程技术规范》（GB 50345—2012）将建筑物屋面防水分为四个等级。　　　　（　　）

2.《屋面工程技术规范》（GB 50345—2012）规定，Ⅰ级屋面防水等级应按两道防水设防。　（　　）

3. 屋面工程验收时，应检查屋面有无渗漏、积水和排水系统是否畅通，有可能作蓄水试验的平屋面，蓄水深度宜大于 50mm，蓄水时间不应少于 12h。　　　　（　　）

4. 防水卷材宜平行屋脊铺设。　　　　（　　）

5. 卷材在天沟与屋面连接处的搭接缝不宜错开，接缝处宜留在沟底。　　　　（　　）

6. 基层平整度的检验应用 2m 长直尺，把直尺靠在基层表面，直尺与基层间的空隙不得超过 5mm。
　　　　（　　）

7. 当卷材与涂料复合使用时，卷材防水层宜放置在下面。　　　　（　　）

8. 两层卷材铺设时，上下层卷材不能相互垂直铺贴。　　　　（　　）

9. 卷材与基层、卷材与卷材间的粘贴可根据基层的干燥程度选择满粘法、空铺法、条粘法和点粘法方案施工。　　　　（　　）

10. 屋面柔性防水层混凝土保护层浇筑后应及时养护，时间不少于 7d。　　　　（　　）

11. 基层较潮湿、含水较多，或防水层材料内含有水分，会造成卷材防水层起鼓。　　　　（　　）

12. 某购置用于复合防水的 SBS 卷材厚度为 2.5mm，可采用热熔法施工粘贴。　　　　（　　）

13. 屋面工程的找平层与突出屋面结构的交接处和转角处均应做成圆弧。　　　　（　　）

14. 高分子卷材胶黏剂应采用由防水卷材生产厂家配套供应的胶黏剂。　　　　（　　）

15. 合成高分子防水卷材屋面冷粘法施工，基层及防水卷材分别涂胶后，应趁胶湿润时立即进行黏接效果更好。　　　　（　　）

16. 正置式保温屋面的构造特点是保温层放置在防水层之下。　　　　（　　）

17. 即使卷材与基层间采用空铺、点粘还是条粘，在防水层周边 800mm 内也应与基层满粘牢固。
　　　　（　　）

18. 块体材料、水泥砂浆、细石混凝土保护层与女儿墙、山墙之间应顶紧，不留缝隙。　　　　（　　）

19. "一布二涂"是指防水层由一道胎体增强材料和涂刷两遍涂料组成。　　　　（　　）

20. 每个涂膜层是由厚度决定的，只要满足规定的厚度，涂膜可分层分遍涂布，也可一次涂成。
　　　　（　　）

21. 各遍涂层之间的涂刷方向应相互垂直，以提高防水层的整体性和均匀性。　　　　（　　）

22. 涂膜防水胎体施工，当采用两层胎体增强材料时，上下层宜互相垂直铺设。　　　　（　　）

23. 屋面防水溶剂型薄质防水涂料，采用二布三涂工艺，其实质要求是刷三遍涂料铺设二层胎体增强材料。　　　　（　　）

24. 对金属板纵向最小搭接长度而言，高波压型金属板要大于低波压型金属板。　　　　（　　）

25. 打钉板屋面系统，板材一般靠明钉固定，安装方便，但板材不能自由滑动，屋面板会因屋面热胀冷缩使自功钉成悬臂摇晃屋面而被破坏。　　　　（　　）

二、选择题（单选题，从每题的四个答案中选择一个正确答案）

1. 找坡应按屋面排水方向和设计坡度要求进行，找坡层最薄处厚度不宜小于（　　）mm。

A. 5　　　　　　　　B. 10　　　　　　　　C. 15　　　　　　　　D. 20

2. 卷材屋面防水层下的找平层的平整的要求是用 2m 长的直尺检查，找平层与直尺间的最大空隙不应超过（　　）mm，空隙变化平缓，在每米长度内不得多于一处。

A. 3　　　　　　　　B. 4　　　　　　　　C. 5　　　　　　　　D. 6

3. 下列方法中（　　）不是高分子防水卷材可能的铺贴方法。

A. 热熔法　　　　　B. 冷粘法　　　　　C. 自粘法　　　　　D. 焊接法

4. 下列做法中属于纤维材料保温层的是（　　）。

A. 膨胀珍珠岩制品　　　　　　　　B. 聚苯乙烯泡沫塑料

C. 岩棉　　　　　　　　　　　　　D. 喷涂硬泡聚氨酯

5. 下列层次中，可以作为屋面防水一道防水设防层的是（　　）。

A. 混凝土结构层　　　　　　　　　B. 装饰瓦及不搭接瓦

C. 细石混凝土　　　　　　　　　　D. 4mm 厚改性沥青卷材

6. 在基层与突出屋面结构的连接处以及基层的转角处找平层应做成圆弧形，圆弧半径取值为：高聚物改性沥青防水卷材和合成高分子防水卷材分别为（　　）mm。

A. 均 50　　　　B. 50，20　　　　C. 20，50　　　　D. 均 20

7. 简易测量防水基层含水率的方法，是将 $1m^2$ 防水卷材平坦地干铺在找平层上，静置（　　）h 后掀开卷材检查，如找平层覆盖部位与卷材上未见水印，即可认为基层达到干燥程度。

A. 1～2　　　　B. 2～3　　　　C. 3～4　　　　D. 4～5

8. 卷材防水屋面水泥砂浆找平层当面积大于 $20m^2$ 时，找平层宜设分格缝，缝宽 20～25mm，纵横最大间距为（　　）m。

A. 10　　　　B. 8　　　　C. 6　　　　D. 4

9. 卷材数量应根据工程需要一次准备充足，可根据施工面积、卷材的宽度、搭接宽度，以及附加增强层的需要等因素确定，一般按施工面积的（　　）倍数量准备。

A. 1.0　　　　B. 1.1　　　　C. 1.2　　　　D. 1.3

10. 用高聚物改性沥青防水卷材（聚酯胎）作附加防水层时，其最小厚度为（　　）。

A. 1.5　　　　B. 2　　　　C. 2.5　　　　D. 3

11. 卷材搭接缝应顺流水方向，同一层相邻两幅卷材短边搭接缝错开不应小于（　　）mm。

A. 200　　　　B. 300　　　　C. 400　　　　D. 500

12. 卷材的铺贴方向应正确，卷材搭接宽度的允许偏差为（　　）mm。

A. ±10　　　　B. +10　　　　C. −10　　　　D. ±15

13. 大面铺贴 SBS 改性沥青防水卷材，要根据火焰温度掌握好烘烤距离，一般以（　　）mm 为宜，与基层成 30°～45°角。

A. 20～50　　　　B. 50～100　　　　C. 100～150　　　　D. 150～200

14. 块体材料、水泥砂浆、细石混凝土保护层与防水层之间应设置隔离层，下列材料中不能作为隔离层材料的是（　　）。

A. 发泡聚乙烯膜　　　　　　　　　B. 聚酯无纺布

C. 石油沥青卷材　　　　　　　　　D. 水泥砂浆

15. 涂膜防水胎体施工，胎体长边搭接宽度不得小于（　　）mm。

A. 50　　　　B. 40　　　　C. 30　　　　D. 20

16. 水乳型防水涂料基层处理剂用掺 0.2%～0.3% 乳化剂的（　　）稀释涂料。

A. 软化水　　　　B. 天然水　　　　C. 自来水　　　　D. 汽油

17. 下列各项中，（　　）不是在涂膜防水层内铺设胎体材料的目的。

A. 增加涂膜防水层的强度　　　　　B. 防止涂膜破裂或蠕变破裂

C. 防止涂料因发热软化而流坠　　　D. 增加涂层厚度

18. 360°直立锁边彩钢板屋面构造说法正确的是（　　）。

A. 屋面板可以适当滑动　　　　　　B. 属于低波屋面板

C. 不需要固定支座　　　　　　　　D. 屋面板用自攻螺丝固定在檩条上

19. 金属屋脊盖板在两坡面金属板上的搭盖宽度不应小于（　　）mm。屋面板端头应设挡水板和堵头板。

A. 100　　　　B. 150　　　　C. 200　　　　D. 250

20. 铺设低波压型金属板时，可不设固定支架，应在波峰处采用带防水密封胶垫的自攻螺钉与檩条连接，连接件可每波或隔波设置一个，但每块板不得少于（ ）个。

A. 1   B. 2   C. 3   D. 4

21. 金属板屋面铺装的有关尺寸描述不符合规范要求的是（ ）。

A. 金属板檐口挑出墙面的长度不应小于200mm

B. 金属板伸入檐沟，天沟内的长度不应小于100mm

C. 金属泛水板与突出屋面墙体的搭接高度不应小于200mm

D. 金属泛水板，变形缝盖板与金属板的搭盖宽度不应小于250mm

22. 360度咬合直立锁边金属屋面板系统，铝合金支座下需设硬质塑料垫的作用是（ ）。

A. 防雷   B. 使支座与檩条更牢固连接

C. 满足建筑外形美观和使用的要求   D. 隔热、防止金属电化腐蚀

三、计算题

1. 面积为500m² 屋面作氯化聚乙烯/橡胶共混单层防水层，搭接长度取80mm，每卷卷材规格为长20m，宽1m，求其卷材用量？

2. 某屋面采用氯丁胶乳沥青防水涂料施工，屋面长60m，宽25m，作二布六油防水涂膜，问所需各种材料各为多少？（材料用量参考表2-47）

表 2-47　材料用量参考

材料名称	三道涂料	一布四油	二布六油
氯丁胶乳沥青防水涂料	1.5kg	2.0kg	2.5kg
玻璃丝布	—	1.13kg	2.25kg
膨胀蛭石粉	—	0.6kg	0.6kg

综 合 实 训

实训1　热熔法铺贴改性沥青防水卷材

1. 实训目标

熟悉热熔法铺贴改性沥青防水卷材操作工艺，掌握热熔法施工防水卷材的基本技术。

2. 实训内容

以某建筑物平屋面为实训场地，3～4人为一组，采用热熔法完成指定范围内女儿墙泛水、管道出屋面的根部改性沥青防水卷材附加层的施工。

3. 实训准备

（1）材料

SBS改性沥青或APP改性沥青防水卷材、基层处理剂。

（2）工具

扫帚、小平铲、喷灯、铁抹子、油漆刷、滚动刷、长柄刷、剪刀、粉笔、钢卷尺、刮板、干粉灭火器、劳保用品（安全帽、防护眼镜、手套、口罩）。

4. 实训步骤

基层清理→刷基层处理剂→女儿墙泛水附加层铺贴→管道出屋面的根部附加层铺贴→封边处理

5. 思考与分析

① 根据施工范围，准确计算材料用量。

② 确定女儿墙泛水处出墙孔处卷材的裁剪方案，管道的根部处卷材的裁剪方案，下料裁剪合理。

③ 理会操作工艺流程，事先确定铺贴方案，包括铺贴方向、先后顺序、喷灯的使用安全、火焰调节适宜、距离及角度适当、卷材铺贴表面熔化、粘贴密实等要求。

④ 实训小组成员要分工明确，配合协调，做到规范操作。

6. 考核内容与评分标准

热熔法铺贴改性沥青防水卷材评分标准见表 2-48。

表 2-48 热熔法铺贴改性沥青防水卷材评分标准

序号	评定项目	评分标准	满分	检测点					得分
				1	2	3	4	5	
1	基层清理	表面无尘土、砂粒或潮湿处	5						
2	刷基层处理剂	均匀无漏底，不得过厚或过薄，动作迅速，一次涂好，不反复涂刷	5						
3	裁剪卷材	尺寸与铺贴的构造相适宜	15						
4	喷灯使用	安全、合理、火焰调节适宜	10						
5	铺贴卷材	持火焰位置和角度适宜，卷材粘贴面熔化适当，卷材定位准确，卷材不拉伸、不起皱，排尽空气，粘接牢固	35						
6	封边操作	卷材压平，沿边刮平，密封材料封严	10						
7	安全文明施工	重大事故不合格，一般事故本项无分，未做工完场清无分，扫而不清扣 5 分	10						
8	工效	按劳动定额时间进行，超过定额 10% 本项无分，在 10% 以下酌情扣 1~10 分	10						

实训 2　冷粘法施工合成高分子防水卷材

1. 实训目标

熟悉冷粘法施工合成高分子防水卷材操作工艺，掌握冷粘法施工合成高分子防水卷材的基本技术。

2. 实训内容

以某建筑物平屋面为实训场地，若干人为一组，采用冷粘法完成指定范围内（包括一处节点，如女儿墙泛水、天沟、雨水口、变形缝、管道根）的合成高分子防水卷材屋面防水层施工。

3. 实训准备

（1）材料

三元乙丙橡胶防水卷材、基层与卷材胶黏剂（CX-404 胶）、卷材与卷材胶黏剂（A、B组分）、清洗剂。根据给定的施工面积计算应准备的用量。

（2）工具

扫帚、小平铲、电动搅拌器、滚动刷、铁桶、扁平辊、手辊、大型辊、剪刀、卷尺、铁管、小线绳、粉笔、消防器材、劳保用品（工作服、安全帽、防护眼镜、手套、口罩）。

4. 实训步骤

基层处理→刷基层处理剂→节点密封及附加增强处理→定位弹线和试铺→涂刷与基层间

的胶黏剂→粘贴防水卷材（抬铺法）→卷材接缝粘贴。

5. 思考与分析

① 准备相应资料，准确计算材料用量，注意区分基层与卷材胶黏剂、卷材与卷材胶黏剂，双组分配料方比例。

② 理会操作工艺流程，事先确定铺贴方案，包括铺贴方向、先后顺序、胶黏剂用量、搭接长度等。

③ 实训小组成员要分工明确，配合协调，做到规范操作。

6. 考核内容与评分标准

冷粘法施工合成高分子防水卷材评分标准见表 2-49。

表 2-49　冷粘法施工合成高分子防水卷材评分标准

序号	评定项目	评分标准	满分	检测点					得分
				1	2	3	4	5	
1	基层清理	表面无尘土、砂粒或潮湿处	5						
2	刷基层处理剂	均匀不漏底，不得过厚或过薄，动作迅速，一次涂好，不反复涂刷	5						
3	节点密封及附加增强处理	按产品说明进行配料，搅拌均匀。附加的范围一般为节点及周边扩大 200mm 内，刮涂遍数及总厚度符合要求	15						
4	涂刷与基层间的胶黏剂	在卷材上画出长边及短边各不涂胶的接缝部位，均匀涂刷，不堆积	15						
5	粘贴卷材（抬铺法）	定位准确，卷材不得拉伸，滚压及时，排尽空气，粘接牢固	15						
6	卷材接缝粘贴	搭接部位卷材翻开临时固定规范，涂刷胶黏剂至粘贴时间控制合理，粘贴牢固，卷材接缝及收头处密封膏嵌封严密	25						
7	安全文明施工	重大事故不合格，一般事故本项无分，未做到工完场清无分，扫而不清扣 5 分	10						
8	工效	按劳动定额时间进行，超过定额 10% 本项无分，在 10% 以下酌情扣 1～10 分	10						

实训 3　"一布二涂"薄质防水涂料屋面施工

1. 实训目标

熟悉涂膜防水屋面操作工艺，掌握涂膜防水屋面涂膜层施工的基本技术。

2. 实训内容

以某建筑物平屋面为实训场地，若干人为一组，用刷涂法完成指定范围内（包括一处节点，如女儿墙泛水、天沟、雨水口、变形缝、管道根）的"一布二涂"涂膜防水屋面的防水层施工。

3. 实训准备

（1）材料

溶剂型 SBS 改性沥青防水涂料、基层处理剂、无纺布、柴油、清洗剂。根据给定的施工面积计算应准备的用量。

（2）工具

参见表 2-32。

4. 实训步骤

基层处理→刷基层处理剂→节点密封及附加增强处理→刷第 1 遍涂料→刷第 2 遍的布底涂料，铺无纺布一层，刷第 2 遍的布面涂料→刷第 3 遍涂料→刷第 4 遍涂料。

5. 思考与分析

① 进行相关咨询，准备相应资料，准确计算材料用量，按产品说明进行配料。

② 准备涂布施工必要的工机具及劳保安全防护用品。

③ 理会操作工艺流程，事先熟悉涂膜方案。

④ 注意每遍涂刷的重量、厚度及间隔时间。

⑤ 实训小组成员要分工明确，配合协调，做到规范操作。

6. 考核内容与评分标准

"一布二涂"薄质涂膜防水屋面施工操作评分标准见表 2-50。

表 2-50　"一布二涂"薄质涂膜防水屋面施工操作评分标准

序号	评定项目	评分标准	满分	检测点					得分
				1	2	3	4	5	
1	基层清理	表面无尘土、砂粒或潮湿处	5						
2	刷基层处理剂	配制达标，先刷边角，再刷大面，均匀无漏底，一次涂好，不反复涂刷	5						
3	节点密封及附加增强处理	按产品说明进行配料，搅拌均匀。附加的范围一般为节点及周边扩大 200mm 内，刮涂遍数及总厚度符合要求	10						
4	刷第 1 遍涂料	涂层无气孔、气泡，涂层平整，厚薄适宜	15						
5	刷第 2 遍的布底涂料，铺无纺布一层，刷第 2 遍的布面涂料	铺布尺寸准确，涂料配料和搅拌符合要求，涂料浸透胎体，胎体平展，无褶皱，胎体不外露	25						
6	刷第 3 遍涂料	涂料配料和搅拌符合要求，涂层无气孔、气泡，涂层平整，厚薄适宜	10						
7	刷第 4 遍涂料	涂料配料和搅拌符合要求，涂层无气孔、气泡，涂层平整，厚薄适宜	10						
8	安全文明施工	重大事故不合格，一般事故本项无分，未做到工完场清无分，扫面不清扣 5 分	10						
9	工效	按劳动定额时间进行，超过定额 10% 本项无分，在 10% 以下酌情扣 1～10 分	10						

学习情境 3　卫浴间防水工程施工

知识目标

- 理解卫浴间一般防水施工构造。
- 理解聚氨酯涂膜防水、补偿收缩砂浆防水楼地面施工的材料要求，弄清施工工艺，熟悉施工方法。

能力目标

- 根据建筑防水施工规范及设计文件，落实卫浴间防水工程施工方案或技术措施。
- 会根据卫浴间实际工程，确定所需防水材料及配料的用量。
- 会根据卫浴间防水操作要求，配备施工工具，做好安全防护。
- 能按照施工规范相关规定和施工工艺标准，规范从事卫浴间防水施工的基本操作。
- 利用现行施工质量验收规范，检验卫浴间防水工程施工质量。

　　卫浴间是人们日常用水集中且用水量大的房间，一旦发生渗漏，将严重影响正常生活和居住条件，而且卫浴间往往房间面积较小，防水作业空间狭窄，防水难度相对较大，故卫浴间防水是室内防水工程的典型代表，其他有水房间的防水层施工可参照此类房间的施工进行。

　　建筑物楼地面的防水应根据建筑物类型、使用要求划分防水等级，并按不同等级确定设防层次和选用合适的防水材料，在设计和施工时应遵循"以防为主，防排结合，迎水面防水"的原则进行设防。卫浴间的防水等级和设防要求见表3-1。

表3-1　卫浴间的防水等级和设防要求

项目		防水等级				
		Ⅰ	Ⅱ			Ⅲ
建筑物类别		要求高的大型公共建筑、高级宾馆、纪念性建筑	一般公共建筑、餐厅、商住楼、公寓等			一般建筑
地面设防要求		二道防水设防	一道防水设防或刚柔复合防水			一道防水设防
选用材料	地面/mm	合成高分子防水涂料厚1.5 聚合物水泥砂浆厚15 细石防水混凝土厚40	选用材料	单独用	复合用	高聚物改性沥青防水涂料厚2或防水砂浆厚20
			高聚物改性沥青防水涂料	3	2	
			合成高分子防水涂料	1.5	1	
			防水砂浆	20	10	
			聚合物水泥砂浆	7	3	
			细石混凝土	40	40	
	墙面/mm	聚合物水泥砂浆厚10	防水砂浆厚20，聚合物水泥砂浆厚7			防水砂浆厚20
	天棚	合成高分子涂料憎水剂	憎水剂			憎水剂

　　目前，采用柔性防水涂膜防水层和刚性防水砂浆防水层或者采用此两者复合的防水层，是卫浴间较为理想的防水做法。因为防水涂料涂布于复杂的细部构造部位，能形成无接缝的完整的涂膜防水层，且其弹性和延伸性能良好，对基层开裂、变形有较强的适应性；而防水砂浆尤其以补偿收缩水泥砂浆为代表，其微膨胀的特性能提高砂浆的抗裂性和抗渗性。故本

学习情境主要是以聚氨酯涂膜防水和补偿收缩水泥砂浆防水为典型任务来展开的。

一、相关知识

（一）卫浴间地面防水构造

卫浴间合理的防水构造是做好防水施工的前提。如前所述，卫浴间一般采用迎水面防水。卫浴间地面常见的防水构造层次如图 3-1 所示。

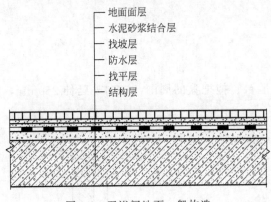

图 3-1　卫浴间地面一般构造

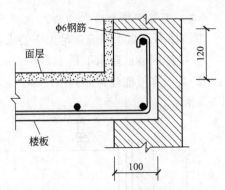

图 3-2　卫浴间现浇楼板翻边错误
的外包砌体做法　单位：mm

（1）结构层

卫浴间的楼地面结构层应采用整体现浇钢筋混凝土板，或采用预制整块开间钢筋混凝土板，为防止楼地面可能的积水通过墙根部渗透，故一般在房间（尤其是卫浴间）四周墙身部位（除门洞外）同时整体浇筑钢筋混凝土翻边，其高度不小于 200mm 且超过卫浴间楼地面面层不小于 120mm。翻边高度应从砌体部位的结构层算起，翻边的宽度应与墙宽相同，不应设成如图 3-2 所示的外包砌体做法。

（2）找平层

卫浴间地面找平层采用水泥砂浆，配合比（水泥∶砂，体积比）一般为（1∶2.5）～（1∶3），厚度一般为 20～30mm，要求抹平、压光。水泥砂浆找平层表面应坚固、洁净、干燥，不得有酥松、起砂和起皮现象。阴阳角处的水泥砂浆找平层，应做成半径为 10mm 的均匀一致的平滑小圆角，使涂料涂刷均匀，涂膜厚度一致，避免过薄或堆积。

（3）防水层

卫浴间楼地面一般不采用会形成大量的搭接缝和需在细部剪口造成防水层很难封闭的卷材，而采用在水泥砂浆找平层上涂布防水涂料或防水砂浆防水层，尤以涂膜防水最佳。涂刷涂料前应涂刷基层处理剂。防水层设在结构找坡层、找平层上面，并延伸至四周墙面边角卷起，需高出地面至少 150mm，并与立墙防水层交接。设排水沟时，排水沟的防水层也应与地面防水层连接。

（4）找坡层

地面坡度应严格按照设计要求施工，做到坡度准确，排水通畅。一般情况下，地面设不小于 2% 的排水坡度，坡向地漏。找坡层厚度小于 30mm 时，可用水泥混合砂浆（水泥∶白灰∶砂＝1∶1.5∶8）；厚度大于 30mm 时，宜用 1∶6 水泥炉渣材料，此时矿渣粒径宜为 5～20mm，要求严格过筛。

（5）面层

卫浴间楼地面面层应符合设计要求，一般可采用 20mm 厚的 1：2.5 水泥砂浆抹面抹平、压光，高档工程可根据设计要求采用地面砖面层等。

为避免用水量大的卫浴间楼地面积水或稍有水便漫入其他房间，要求其楼地面设计标高应低于门外楼地面标高 20mm 以上。地面设不小于 2％的排水坡度，高级工程可以为 1％，坡向地漏，施工时要求排水坡度和坡向正确，不得有倒泛水和积水现象，并应铺设牢固、封闭严密，形成第一道防水构件。

（二）卫浴间墙面防水构造

卫浴间墙面防水层应满足如下要求：

① 喷淋区墙面防水不低于 1800mm；

② 其他有可能经常溅到水的部位，如洗脸台、拖把盆的周围，应向外延伸 250mm，如图 3-3 所示。

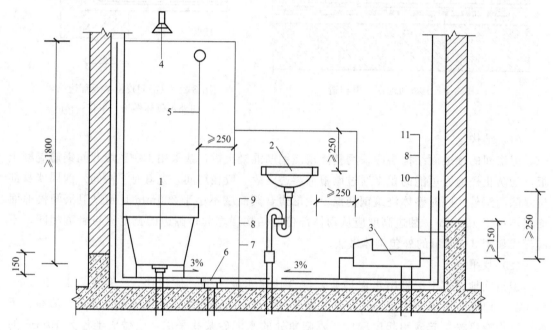

图 3-3　厨卫间墙面防水高度示意　单位：mm

1—浴盆；2—洗手盆；3—蹲便器；4—喷淋头；5—浴帘；6—地漏；7—楼板；
8—防水层；9—面砖层；10—混凝土泛水；11—墙面装饰层

二、任务 1　聚氨酯涂膜防水楼地面施工

聚氨酯防水涂料是一种以聚氨酯为主要成膜物质的高分子防水涂料，它特别适用于形状复杂的异型部位施工，应用于卫浴间防水工程非常普遍，其防水构造做法如图 3-4 所示。

（一）作业条件

① 穿过卫浴间楼板的所有立管、套管均已做完并经验收，管周围缝隙用细石混凝土填塞密实（楼板底需支模板）。部件必须安装牢固，嵌封严密。

② 卫浴间地面找平层已做完，表面应抹平压光、坚实平整，不起砂，做找平层时结构基层含水率低于 9％（简易检测方法：在基层表面铺一块 1m² 橡胶板，静置 3～4h，覆盖橡

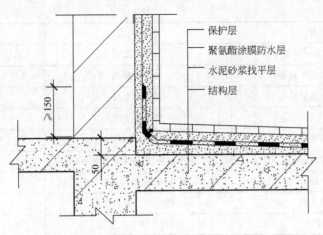

图 3-4　卫浴间聚氨酯涂膜防水构造示意　单位：mm

胶板部位无明显水印，即视为含水率达到要求）。与墙交接处及转角均要抹成小圆角。在找平层接地漏、管根、出水口、卫生洁具根部要收头圆滑，凡是靠墙的管根处均抹出 5％ 的坡度，避免此处存水。

③ 水乳型涂料的施工环境温度为 5～35℃；溶剂型涂料的施工环境温度为 0～35℃。

④ 防水层所用的各类材料、基层处理剂、二甲苯等均属易燃物品，储存和保管要远离火源，施工操作时，应严禁烟火。

⑤ 卫浴间做防水之前必须设置足够的照明及通风设备。自然光线较差的卫浴间，应准备足够的照明装置；通风较差时，应增设通风设备。

⑥ 操作人员应经过专业培训、持证上岗。施工前先做样板间，确定相关参数，方可全面施工。

（二）施工准备

1. 技术准备

① 施工前，施工单位应组织有关各方进行图纸会审和现场勘察，掌握工程防水技术要求和现场实际情况，必要时应对防水工程进行二次设计，并编制防水工程施工方案，进行劳动组织和技术交底。技术交底应向操作人员交代施工操作要求和注意事项、材料使用及进度要求、质量要求及安全措施等。

② 确定质量检验程序、检验内容、检验方法。

③ 布置做好施工记录：包括工程基本状况、施工状况记录，工程检查与验收所需资料等。

2. 材料准备

（1）主辅材料种类

聚氨酯涂膜防水所采用的防水涂料大多以双组分形式供应，施工中所使用的主、辅材料名称、用途及要求见表 3-2。

表 3-2　聚氨酯涂膜防水施工材料名称、用途及要求

材　料　名　称		用　　途	要　　求
主材	甲组分：聚氨基甲酸酯预聚物	防水层	—
	乙组分：固化剂、促进剂、增韧剂、防霉剂、填充剂和稀释剂等		

材料名称		用途	要求
辅材	磷酸或苯磺酰氯	用作缓凝剂	掺量不得大于甲料的5%
	二月桂酸二丁基锡	用作促凝剂	掺量不得大于甲料的0.3%
	涤纶无纺布或玻璃丝布	用于防水层	规格为60g/m²
	108胶	修补基层用	—
	石渣	粘贴过渡层用	粒径2mm左右
	普通硅酸盐水泥	用于补基层用、配制水泥砂浆保护层	32.5级
	中砂	用于补基层用、配制水泥砂浆保护层	含泥量不大于3%
	乙酸乙酯	清洗手上凝胶用	—
	二甲苯	稀释和清洗工具用	—

（2）材料用量参考

聚氨酯涂膜防水施工时，不同构造层选用的配比有所不同，具体各涂层的配比及材料用量参见表3-3。

表3-3　材料用量参考表

防水层构造	防水涂层配比	用量
基层处理剂	甲料：乙料：二甲苯=1：1.5：1.5	0.2kg/m²
第一道涂膜	甲料：乙料=1：1.5	0.8～1.0kg/m²
第二道涂膜	甲料：乙料=1：1.5	0.8～1.0kg/m²
第三道涂膜	甲料：乙料=1：1.5	0.4～0.5kg/m²
总计		2.5kg/m²

（3）进场材料复检

防水涂料进场时应检验是否具有产品合格证，并按要求进行取样复检，复检项目为固体含量、抗拉强度、延伸率、不透水性、低温柔性、耐高温性能以及涂膜干燥时间等。这些复检项目均应符合国家有关标准规定的技术性能指标要求。

（4）材料存放

通常甲组分应储存在室内通风干燥处，储存期不超过6个月；乙组分储存在室内，储存期不超过12个月。两组材料应分别保管，严禁混存于一处；容器内的材料动用后，应将容器的封盖盖紧，防止剩余的材料失效。

3. 施工机具及工具准备

涂膜防水施工一般应备有电动搅拌器、塑料或橡胶刮板、滚动刷、油漆刷等工机具，具体见表3-4。

表3-4　聚氨酯涂膜防水施工工机具及用途

名称	规格	数量	用途
电动搅拌器	功率0.3～0.5kW 200～500r/min	—	涂料搅拌
小平铲	小型	3把	清理基层
扫帚	—	3把	清理基层
抹子	—	6把/1000m²	修补基层
卷尺	30m	1	度量尺寸

续表

名　称	规　格	数　量	用　途
盒尺	3m	2	度量尺寸
剪刀	—	3把	剪裁胎体增强布
滚动刷	—	—	大面滚刷
油漆刷	5寸	3把	涂刷细部节点
塑料或橡胶刮板	带规则凹槽(可选)	3把/1000m²	做平面基层
干粉灭火器			防火备用

（三）施工工艺

卫浴间地面采用聚氨酯防水涂料施工的施工工艺流程如下所示：

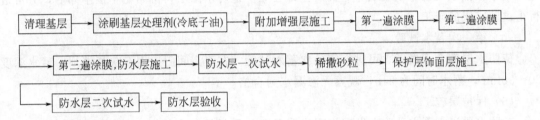

（四）施工方法

（1）清理基层

将基层清扫干净，基层（找平层）应符合设计要求，水泥类找平层表面应平整坚固、洁净，不得出现表面孔洞、蜂窝麻面、缝隙等缺陷，表面残留的灰浆硬块和凸出部分应铲平、扫净、压平。基层干燥度应符合涂料产品的特性要求。

（2）涂刷基层处理剂

将聚氨酯甲、乙两组分和二甲苯按表3-3的比例（质量比）配合搅拌均匀方可使用。用滚动刷或油漆刷蘸底胶均匀地涂刷在基层表面，不得过薄也不得过厚，涂刷量以0.2kg/m²左右为宜。涂刷后应干燥4h以上，才能进行下一道工序的操作。

（3）附加增强层施工

同样按照产品说明或表3-3的比例（质量比）将聚氨酯甲、乙两组分和二甲苯配合搅拌均匀，然后用油漆刷蘸聚氨酯防水涂料在地漏、管道根、阴阳角和出水口等容易漏水的薄弱部位均匀涂刷，不得漏刷。地面与墙面交接处也应做附加层防水，涂膜防水附加层应拐至墙板上不小于100mm高。根据设计要求，细部构造也可做胎体增强材料的附加增强层处理。胎体增强材料宽度为300～500mm，搭接缝为100mm，施工时边铺贴平整，边涂刮聚氨酯防水涂料。

（4）涂刷三遍涂料

涂刷第一遍涂料：将聚氨酯甲、乙两组分和二甲苯按产品说明或按表3-3的比例（质量比）配合后，倒入拌料桶中，用电动搅拌器均匀搅拌3～5min。聚氨酯防水涂料甲乙组分的称量必须准确，所用容器、搅拌工具使用前应保持干燥。

室温在20℃左右时，配好的聚氨酯涂料应在0.5h内用完，可根据施工需要用二甲苯来调整聚氨酯涂料的黏度，原则上二甲苯加入量不大于10%。

对于平坦场地，可采用刮板，1～2次刮涂即可达到设计厚度，如采用涂刷法，2～3次可刷1mm厚度；斜度较大的场地或立墙，3～4次可刷1mm厚。刮涂涂料时，厚度要均匀一致，刮涂量以 0.8～1.0kg/m² 为宜，从内往外退着操作时要厚薄一致，立面涂刮高度不应小于 150mm。

涂刷第二遍涂料：第一遍涂膜后，涂膜固化到不粘手时，按第一遍材料配比方法，进行第二遍涂膜操作，为使涂膜厚度均匀，刮涂方向必须与第一遍刮涂方向垂直，刮涂量与第一遍同。

涂刷第三遍涂料：第二遍涂膜固化后，仍按前两遍的材料配比搅拌好涂膜材料，进行第三遍刮涂，刮涂量以 0.4～0.5kg/m² 为宜，涂完之后未固化时，可在涂膜表面稀撒干净的 2～3mm 粒径的石渣，以增加与水泥砂浆保护层的粘接力。

如果按设计要求需加无纺布或玻璃布的结构，在上一道防水涂层尚未完全固化时，可在其上面平整铺上无纺布或玻璃布，而后立即再做一道防水涂层，待固化粘接牢固后，方可进行下道防水层的施工。

（5）第一次蓄水试验

待防水层完全干燥后，可进行第一次蓄水试验。在卫浴间门口用石灰膏筑坝，蓄水深度 20～30mm，蓄水时间为 24h，观察无渗漏水为合格。

（6）保护层施工

对防水层进行蓄水试验未发现出现渗漏现象，质量检查合格后，就可进行保护层施工，如抹水泥砂浆或粘贴陶瓷锦砖、防滑地砖等饰面层。施工时应注意成品保护，不得破坏防水层。

（7）找坡层施工

找坡层施工应与卫生间的大便器地漏等设备配合进行，找坡层较厚时，应按要求回填水泥炉渣并压实，再做 40 厚 C20 细石混凝土找坡。

（8）第二次蓄水试验

卫浴间装饰工程全部完成后，工程竣工前还要进行第二次蓄水试验，蓄水深度 50～100mm，蓄水前清理地漏和排水口，必要时做临时门槛，以检验防水层完工后是否被后续工序或水电、装饰工程损坏。蓄水试验合格后，卫浴间的防水施工才算完成。

（五）节点构造与防水施工

1. 穿楼板管道

穿过卫浴间楼板的管道包括冷水管、热水管、排水管、暖气管、煤气管和排气管等。常采用在楼板上预留孔洞或采用手持式薄壁钻机钻孔成型，然后安装立管。一般情况下，大口径的冷水管、排水管可不设套管；小口径管和热水管、蒸汽管、暖气管和煤气管必须在管外加设钢套管，并高出楼地面 20mm 以上。

（1）不设套管的立管防水处理

① 浇筑管道周围的混凝土　立管安装固定后，先凿除管孔四周松动的混凝土，然后在板底支模板，孔壁洒水湿润，涂刷聚合物水泥浆一遍，浇筑 C20 掺微膨胀剂细石混凝土，其上表面留出比楼板面低 15mm 的凹槽，并捣实抹平。终凝后要洒水养护并挂牌明示，两天内不得碰动管子。

② 嵌填密封材料　在混凝土达到一定强度后，将管根周围和凹槽内清理干净并使之干燥，凹槽四周和管根壁涂刷基层处理剂。然后将密封材料挤压在凹槽内，并用腻子刀用力刮压严密至与板面齐平，使之饱满、密实、无气孔，如图 3-5 所示。

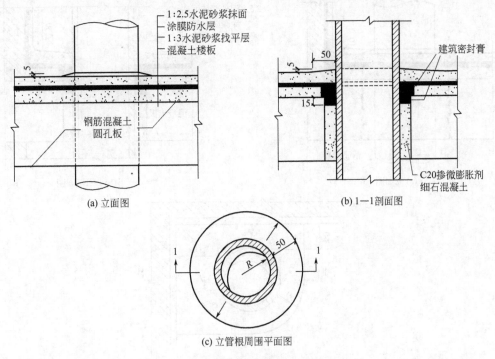

图 3-5　立管根周围防水做法　单位：mm

③ 第一次蓄水试验　待嵌缝密封材料固化干燥后，在管四周用石灰膏筑围堰，做蓄水试验，24h 观察无渗漏水为合格。如有渗漏，应及时修补或返工重做至合格为止。

④ 第二次嵌填密封材料　地面做找平层时，在管根四周应留出 15mm 宽的凹槽，待地面施工防水层时，再第二次嵌填密封材料将其封严，以便使密封材料与地面防水层连接。

⑤ 做防水层　管根平面与立面周围应做涂膜防水附加层，附加层的涂刷范围在管道周围平、立面不少于 200mm。然后再按设计要求做大面防水涂料，施工时，涂刷延伸至管道根部以上不少于 200mm 处。

⑥ 第二次蓄水试验　地面涂膜防水材料固化干燥后，再次做蓄水试验，观察无渗漏水为合格。

⑦ 地面面层施工时，管根四周的处理　第二次蓄水试验合格后，便可进行地面面层施工，在管根四周 50mm 处，至少应高出地面 5mm 并呈馒头形，如图 3-6(a) 所示。若立管位于转角墙处，应有向外 5% 的坡度，如图 3-6(b)、(c) 所示。

(2) 设有钢套管的防水处理

① 套管周边防水处理　钢套管内径应比穿管外径大 2～5mm，套管顶部高出装饰地面 20mm，底部与楼板底面齐平。套管就位安装时，套管上端向下 50mm 处可设止水环。找平层施工时，在套管周边应预留 20mm×5mm 凹槽，凹槽内用密封膏嵌填，封闭严密。

② 套管与穿管间的防水处理　套管与穿管之间的缝隙应用密封膏填实，表面要光滑，如图 3-7 所示。

2. 地漏

地漏是地面排水集中的部位，是容易产生渗漏的地方，而且一般地漏口大底小，在外表

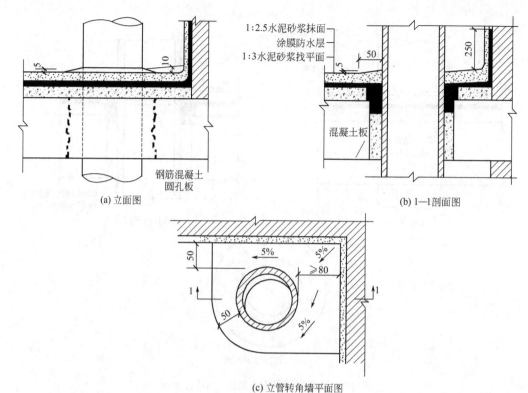

(a) 立面图

(b) 1—1剖面图

(c) 立管转角墙平面图

图 3-6 立管位置在转角墙处防水要求 单位：mm

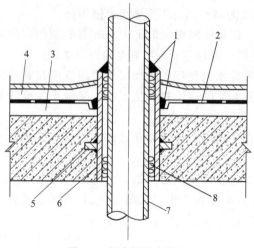

图 3-7 钢套管防水做法

1—密封材料；2—防水层；3—找平层；4—面层；
5—止水环；6—预埋套管；7—管道；
8—聚苯乙烯（聚乙烯）泡沫

面与混凝土接触处，由于混凝土收缩容易产生裂缝，导致沿地漏周围渗漏水。

地漏一般应在楼板上预留孔洞，然后进行安装，地漏防水做法如图 3-8 所示。

（1）浇筑周边混凝土

地漏和立管安装固定后，将孔洞四周松动的混凝土、石子清除干净，然后在板底支模板，浇水湿润，浇筑 C20 掺微膨胀剂细石混凝土，并捣实、堵严、抹平。

（2）做好坡度和凹槽

地面找坡、找平层向地漏处找出 1%～2% 的坡度，地漏边向外 50mm 范围内排水坡度为 3%～5%；地漏上口四周留 20mm×20mm 的凹槽。

（3）防水处理

在预留的凹槽内用密封材料嵌填严密，附加层涂膜伸入地漏杯口深度不应少于 50mm，然后按设计要求涂刷大面防水涂料。

再加铺有胎体增强材料的涂膜防水附加层，附加层涂膜伸入地漏杯口深度不应少于 50mm，然后按设计要求涂刷大面防水涂料。

3. 大便器

蹲式大便器防水包括进水口、排水口、排水立管与楼板接缝处，大便器蹲桶四周与地面

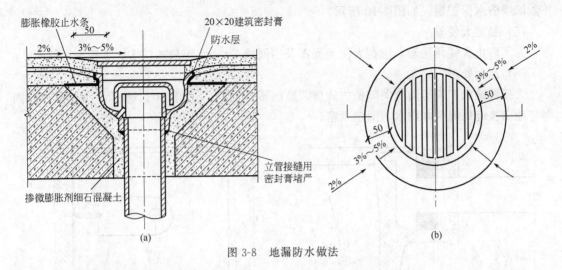

图 3-8　地漏防水做法

接缝处，由于其接缝多，故是防水薄弱环节，必须采取稳妥的防水措施，才能保证不会发生渗漏，蹲式大便器防水构造如图 3-9 所示。

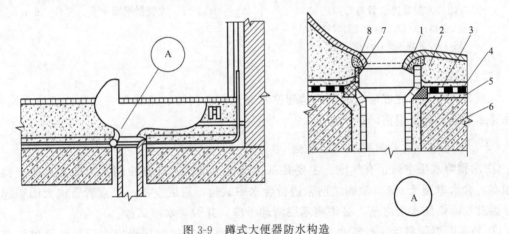

图 3-9　蹲式大便器防水构造

1—大便器底；2—1：6 水泥焦渣垫层；3—水泥砂浆保护层；4—涂膜防水层；5—水泥砂浆找平层；
6—楼板结构层；7—建筑密封膏；8—密封膏或油灰

（1）大便器排水立管定位

楼板上预留管孔，然后安装大便器排水口立管和承口。

（2）做好立管周围细部防水处理

大便器立管安装固定后，与穿楼板立管做法一样，用 C20 细石混凝土灌孔堵严抹平，立管四周留 20mm×20mm 凹槽，凹槽内用密封材料交圈封严，上面防水层做至管顶部；在大面涂刷防水涂膜层前，在立管四周做增强附加层，以保证排水口防水质量良好。

（3）安装大便器

安装前，应在清理干净的排水立管承口内抹适量的密封膏或油灰，排水管承口周围铺适量密封膏，然后将大便器出水口插入承口内稳正、封闭严密（图 3-9）。

（4）大便器进水口与给水管的连接

大便器尾部进水处与水管接口处按照安装图连接好，然后用沥青麻丝及水泥砂浆封严，外做涂膜防水保护层，如图 3-10 所示。

（5）稳定大便器

为了防止大便器晃动，应在大便器底部及四周填 1∶6 水泥焦渣压实，如图 3-9 所示。

（6）地面处理

大便器蹲桶四周地面应向蹲桶内放坡，坡度不小于 1％，如图 3-11 所示。大便器蹲桶四周与地面接缝处应做好防水，衔接紧密。

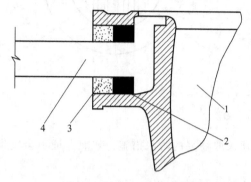

图 3-10　大便器进水管与管口连接

1—大便器；2—沥青麻丝密封材料；

3—1∶2 水泥砂浆；4—冲洗管

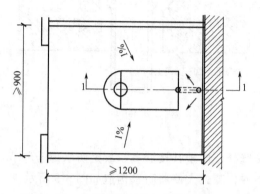

图 3-11　大便器平面示意　单位：mm

（7）清理

大便器防水施工完成后，应及时清理排水通道内的灰渣、杂物等，以免造成排水堵塞，确保排水畅通，保证卫浴间排水功能。

（六）常见施工质量问题及防治措施

① 涂膜防水层空鼓、有气泡：主要是基层清理不干净，底胶涂刷不匀或者是由于找平层潮湿，含水率高于 9％，涂刷之前未进行含水率试验，造成空鼓，严重者造成大面积起鼓包。因此在涂刷防水层之前，必须将基层清理干净，并做含水率试验。

② 地面面层做完后进行蓄水试验，有渗漏现象。涂膜防水层做完之后，必须进行第一次蓄水试验，如有渗漏现象，可根据渗漏具体部位进行修补，甚至全部返工，直到蓄水 20mm 高，观察 24h 不渗漏为止。地面面层做完之后，再进行第二遍蓄水试验，观察 24h 无渗漏为最终合格，填写蓄水检查记录。

③ 地面存水，排水不畅：主要原因是在做地面垫层时，没有按设计要求找坡，做找平层时也没有实施补救措施，造成倒坡或凹凸不平而存水。因此在做涂膜防水层之前，先检查基层坡度是否符合要求，与设计不符时，应进行处理后再做防水。

④ 地面二次蓄水做完之后，已验收合格，但在竣工使用后，蹲坑处仍出现渗漏现象。这主要是蹲坑排水口与污水承插接口处未连接严密，连接后未用建筑密封膏封密实，造成使用后渗漏。在卫生间瓷砖安装前，必须仔细检查各接口处是否符合要求，再进行下道工序。

（七）施工质量检验

（1）材料

所用涂膜防水材料的品种、牌号及配合比，应符合设计要求和国家现行有关标准的规定。对防水涂料技术性能指标，必须经实验室进行复验合格后方可使用。

（2）找平层

找平层应满足规范相关要求，含水率低于9%并经检验合格后，方可进行防水层施工。

（3）涂膜防水层

涂膜层涂刷均匀，厚度满足产品规定和设计要求，不露底。保护层和防水层粘接牢固，结合紧密，不得有损伤。涂膜施工后宜采用针刺法测定其实际厚度。如发现涂层有破损或不合格之处，应按规范要求重新涂刷搭接，并经有关人员检查认证。聚氨酯涂膜层的表面应不起泡、不流淌，平整无凹凸，颜色亮度一致，与管件、洁具地脚螺钉、地漏、排水口接缝严密，收头圆滑。

（4）细部构造

涂膜防水层在预埋管件部位等细部做法应符合设计要求和施工规范的规定。表面坡度设置应保持排水通畅，不得积水。

（八）成品保护及安全注意事项

1. 成品保护

① 操作人员应严格保护已做好的涂膜防水层，并及时做好保护层，以免损坏防水层。

② 要防止杂物堵塞地漏，确保排水畅通。

③ 施工时，不允许涂膜材料污染已做好饰面的墙壁、卫生洁具、门窗等。

2. 安全保护措施

① 存放材料的地点和施工现场必须通风良好。

② 存料、施工现场严禁烟火。

三、任务 2　防水砂浆防水层楼地面施工

卫浴间也可以采用刚性防水层，常用的刚性防水材料包括防水混凝土和防水砂浆。卫浴间大多采用防水砂浆刚性防水层，其常见的构造做法如图 3-12 所示。目前较理想的材料是具有微膨胀性能的补偿收缩混凝土和补偿收缩水泥砂浆。此处重点讨论补偿收缩水泥砂浆。

补偿收缩水泥砂浆，就是在水泥砂浆中掺入适量的膨胀剂，以补偿水泥砂浆的收缩形成的裂缝，从而可基本上起到不裂不渗的防水效果。UEA 是一种硫铝酸钙类混凝土膨胀剂，加入到水泥砂浆中，拌水后生成大量膨胀性结晶水化物——硫铝

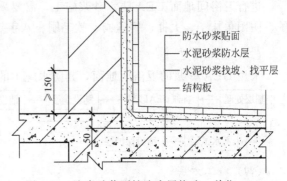

图 3-12　防水砂浆刚性防水层构造　单位：mm

酸钙，可抵消水泥砂浆硬化过程中形成的收缩力，因而减少干缩裂缝，提高抗裂和抗渗性能。施工时，应根据不同的防水部位，选择不同的加入量。

（一）作业条件

① 防水砂浆施工前，设备预埋件和管线应安装固定完毕。基层表面应平整、坚实、清洁，并应充分湿润，无积水。

② 穿墙管预埋件等事先安装牢固，收头圆滑，排水坡度符合设计要求，不得积水。

③ 防水砂浆施工环境温度不应低于5℃。

④ 卫浴间在做防水层之前必须设置足够的照明和通风设备，自然光线较差的卫浴间应准备足够的照明装置；通风较差时，应增设通风设备。

（二）施工准备

（1）技术准备

UEA砂浆防水施工前，同样应做好图纸会审和现场勘察、编制防水工程施工方案等工作，其具体内容与本学习情境的任务1聚氨酯涂膜防水楼地面施工的技术准备相同。

（2）材料准备

① UEA砂浆的组成材料　UEA砂浆由水泥、砂子、UEA膨胀剂和水组成。

水泥采用32.5级或42.5级普通硅酸盐水泥或矿渣硅酸盐水泥，其质量应符合国家标准要求。砂宜选用中砂，含泥量小于2%。水可使用饮用自来水或洁净非污染水。

UEA的化学成分、细度、凝结时间、限制膨胀率、抗压强度、抗折强度等指标均应符合《混凝土膨胀剂》(JC 476)的相关规定。

② UEA砂浆的配制　在楼板表面铺抹UEA砂浆时，应按不同的部位配制不同UEA含量的防水砂浆。不同部位UEA砂浆的配合比参见表3-5。

表3-5　不同防水部位UEA防水砂浆配合比

防水部位	厚度/mm	水泥+UEA/kg	UEA/(水泥+UEA)/%	配合比			水灰比	稠度/cm
				水泥	UEA	砂		
垫层	20~30	550	10	0.90	0.10	3.0	0.45~0.50	5~6
防水层(保护层)	15~20	700	10	0.90	0.10	2.0	0.40~0.45	5~6
管件接缝		700	15	0.85	0.15	2.0	0.30~0.35	2~3

（3）施工机具及工具准备

进行卫浴间地面UEA防水砂浆施工，需要采用的工机具包括砂浆搅拌机、灰板、铁抹子、阴阳角抹子、大桶、钢丝刷、软毛刷、八字靠尺、铁锹、扫把、木抹子、刮杆等。

（三）施工工艺

采用UEA砂浆的卫浴间地面，其防水施工的工艺流程如下所示：

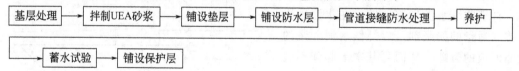

基层处理 → 拌制UEA砂浆 → 铺设垫层 → 铺设防水层 → 管道接缝防水处理 → 养护 → 蓄水试验 → 铺设保护层

（四）施工方法

（1）基层处理

施工前，应清理基层，清除浮灰杂物，对楼地面板基层凹凸不平处可用10%~12% UEA砂浆补齐，并应在基层表面浇水，使基层保持湿润，但不能积水。

（2）拌制UEA水泥砂浆

按照不同的防水部位、不同的砂浆配合比，将砂浆的组成材料称量准确，采用人工或机械拌制砂浆，应先将水泥、UEA膨胀剂和砂干拌均匀，使之色泽一致后，再加水搅拌。机械拌制应在加水后再搅拌1~2min。加水量应根据现场材料（如砂的含水率等）、气温和铺设操作要求等进行调整。拌制好的 UEA 防水砂浆应在 2～3h 内铺设完。

（3）铺设垫层

按 1：3 水泥砂浆垫层的配合比，配制灰砂比为 1：3 的 UEA 垫层砂浆作垫层，将其铺抹在干净湿润的楼板基层上。垫层厚度应根据标高而定，其平均厚度为 20～30mm。必须分 2 层或 3 层铺抹，每层应揉浆、拍打密实。在抹压的同时，应完成找坡工作。分层抹压结束后，在垫层表面用钢丝刷拉毛。垫层铺至管根或地漏周围应留出 5～10mm 的空隙。垫层在管根距墙的狭窄部位应注意保证厚度及铺设密实，垫层表面应平整、无鼓泡、褶皱等缺陷。

（4）铺设防水层

防水层应在垫层强度能达到上人时方可进行施工。首先把地面和墙面清扫干净，并浇水充分湿润，但不应有积水，然后铺抹四层防水层。防水砂浆应采用抹压法施工，分遍成活。各层应紧密结合，每层宜连续施工，当需要留槎时，上下层接槎位置应错开 150mm 以上，离转角 250mm 内不得留接槎。防水层排水坡度符合设计要求，无明显积水。四层抹面防水层的施工做法参见表 3-6。

表 3-6　四层抹面防水层的施工做法

层数	配合比		铺抹厚度/mm	施工方法
第一层	UEA 水泥素浆	UEA：水泥＝1：9	2～3	准确称量后，充分干拌均匀，再按水灰比加水拌和成稠浆状，然后就可用辊刷或毛刷涂抹
第二层	水泥砂浆层	水泥：砂＝1：2　UEA 掺量为水泥质量的 10%～12%，一般可取 10%	5～6	待第一层素灰初凝后，即可铺抹，凝固 20～24h 后，适当浇水湿润
第三层	同第一层			
第四层	同第二层			待第三层素灰初凝后，即可铺抹，铺抹时应分次用铁抹子压 5～6 遍，使防水层坚固密实，最后再用力抹压光滑，经硬化 12～24h 就可浇水养护 3 天

以上四层防水层的每层应无酥松、开裂、起砂等缺陷。

（5）管道接缝防水处理

穿过楼层地面的管件（地漏、套管）以及卫生设备等必须安装牢固，且应与楼面防水层之间预留 5～10mm 的空隙。

待防水层达到强度要求后，拆除捆绑在穿楼板部位的模板条，将缝壁的矿渣、碎物清理干净，并按节点防水做法的设计要求，在清理好的空隙内表面涂刷掺量为 10% UEA 的水泥素灰浆一层，其厚度为 2mm，在 UEA 水泥素灰浆层稍干后，再以 UEA 掺量为 15% 的水泥：砂＝1：2 管件接缝砂浆将空隙捣固填实，收头平滑。

（6）养护

防水层砂浆经硬化 12～24h 就可浇水养护 3d。养护温度不应低于 5℃。

（7）蓄水试验

养护后应进行蓄水试验，经试验无渗漏后，方可进行 UEA 砂浆保护层的铺设。

（8）铺抹 UEA 砂浆保护层

保护层 UEA 的掺量为 $10\%\sim12\%$，灰砂比为 $1:(2\sim2.5)$，水灰比为 0.4。铺抹前，对要求用膨胀橡胶止水条做防水处理的管道、预埋螺栓的根部及需用密封材料嵌填的部位先进行防水处理。然后就可分层铺抹厚度为 $15\sim25mm$ 的 UEA 水泥砂浆保护层，并按坡度要求找坡，待硬化 $12\sim24h$ 后，浇水养护 3 天。最后，根据设计要求铺设装饰面层。

（五）施工质量检验

（1）材料

水泥砂浆防水层的原材料及配合比应检查出厂合格证、质量检验报告、计量措施和现场抽样试验报告，其检验结果必须符合设计要求。

（2）防水层

水泥砂浆防水层各层之间必须结合牢固，无空鼓现象。通过观察检查，水泥砂浆防水层表面应密实、平整，不得有裂纹、起砂、麻面等缺陷；阴阳角处应做成圆弧形。通过观察检查和检查隐蔽工程验收记录，水泥砂浆防水层施工缝留槎位置应正确，接槎应按层次顺序操作，层层搭接紧密。水泥砂浆防水层的平均厚度应符合设计要求，最小厚度不得小于设计值的 85%。

（六）成品保护

① 施工时应及时清理落地灰，做到工完场清，保护现场的施工环境。

② 地面施工完毕后，不能过早上人，以免破坏防水层。

③ 落实安全环保措施。

小　结

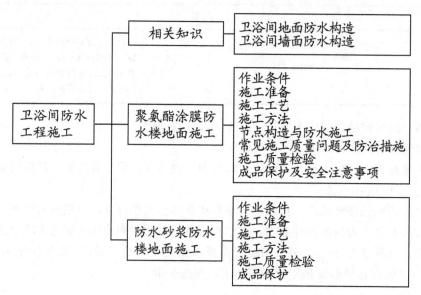

自 测 练 习

一、判断题

1．厕浴地面应低于室内地面 20mm 以上。　　　　　　　　　　　　　　　（　　）

2．卫浴间四周墙身部位（除门洞外）应同时整体浇筑钢筋混凝土反边至卫浴间楼地面面层。　　（　　）

3. 卫浴间防水做法以采用涂膜防水材料比卷材更为合适。 （　　）

4. 卫浴间地面坡度为2%；向地漏处排水，地漏周围半径50mm内，坡度为5%。 （　　）

5. 厕所间的管道应在找平层施工前做好，上下水暖气管道必须加设套管，套管应高出地面20mm。 （　　）

6. 在楼板表面铺抹UEA防水砂浆，不同的部位配制UEA防水砂浆配比及方法相同。 （　　）

7. 地面找平层应抹压密实，在地漏上口四周不留任何凹槽口。 （　　）

二、选择题

1. 厨房、卫浴间防水工程应根据____划分防水等级。

A. 建筑物类型、使用要求　　　　　　　　B. 建筑物规模、使用要求

C. 建筑物类型、施工方法　　　　　　　　D. 建筑物规模、施工方法

2. 厕所地面找平层应做好泛水，按规定找坡，地漏周围半径____mm内排水坡度为3%~5%。

A. 50　　　　　　　B. 100　　　　　　　C. 150　　　　　　　D. 200

3. 一般情况下，大口径的冷水管、排水管可不设套管；小口径管、热水管、蒸汽管、暖气管和煤气管必须在管外加设钢套管，并高出楼地面____以上。

A. 3mm　　　　　　B. 5mm　　　　　　C. 10mm　　　　　　D. 20mm

4. 下列关于UEA防水砂浆中的UEA说法正确的是____。

A. 一种收缩剂　　　B. 一种减水剂　　　C. 一种膨胀剂　　　D. 一种速凝剂

5. 采用聚氨酯涂膜防水施工时，其找平层应满足规范相关要求，含水率低于____，并经检验合格后，方可进行防水层施工。

A. 9%　　　　　　　B. 10%　　　　　　C. 15%　　　　　　D. 20%

6. 卫洁间地面采用聚氨酯涂膜防水施工时，其防水涂料通常应分____遍涂刷。

A. 4　　　　　　　　B. 3　　　　　　　　C. 2　　　　　　　　D. 1

7. 采用防水砂浆铺设防水层时，各层应紧密结合，每层宜连续施工，当需要留槎时，上下层接槎位置应错开____以上，离转角____内不得留接槎。

A. 150mm，250mm　　B. 250mm，150mm　　C. 100mm，250mm　　D. 150mm，200mm

综 合 实 训

实训　某卫生间地面聚氨酯涂膜防水施工

1. 实训目标

熟悉卫浴间地面聚氨酯涂膜防水操作工艺，掌握地面涂膜防水层施工的基本技术。

2. 实训内容

以某建筑物卫浴间为实训场地，若干人为一组，用刷涂法完成指定范围内（包括一处节点，如穿楼板管道、地漏等）的涂膜防水地面的防水层施工。

3. 实训准备

（1）材料

聚氨酯防水涂料、磷酸或苯磺酰氯、二月桂酸二丁基锡、无纺布、108胶、石渣、普通硅酸盐水泥、中砂、乙酸乙酯、二甲苯。根据表3-3给定的材料用量参考值计算应准备的用量。

（2）工具

参见表3-4。

4. 实训步骤

基层处理→刷基层处理剂→节点密封及附加增强处理→刷第1遍涂料→刷第2遍涂料→

刷第 3 遍涂料→第 1 次蓄水试验→细撒砂粒→做保护层→第 2 次蓄水试验。

    5. 思考与分析

① 进行相关咨询，准备相应资料，准确计算材料用量，按产品说明进行配料。

② 准备涂布施工必要的工机具及劳保安全防护用品。

③ 理会操作工艺流程，事先熟悉涂膜方案。

④ 注意每遍涂刷的重量、厚度及间隔时间。

⑤ 实训小组成员要分工明确，配合协调，做到规范操作。

    6. 考核内容与评分标准

卫浴间地面聚氨酯涂膜防水施工实训考核内容与操作评分标准见表 3-7。

表 3-7　卫浴间地面聚氨酯涂膜防水实训考核内容与施工操作评分标准

序号	评定项目	评分标准	满分	检测点 1	2	3	4	5	得分
1	基层处理	表面无尘土、砂粒或潮湿处	5						
2	刷基层处理剂	配制达标，先刷边角，再刷大面，均匀无漏底，一次涂好，不反复涂刷	5						
3	节点密封及附加增强处理	按产品说明进行配料，搅拌均匀。附加的范围一般为节点及周边扩大 200mm 范围内，刮涂遍数及总厚度符合要求	10						
4	刷第 1 遍涂料	涂料配料和搅拌符合要求，涂层无气孔、气泡，涂层平整，厚薄适宜	15						
5	刷第 2 遍涂料	涂料配料和搅拌符合要求，刮涂方向必须与第 1 遍刮涂方向垂直，涂层无气孔、气泡，涂层平整，厚薄适宜	15						
6	刷第 3 遍涂料	涂料配料和搅拌符合要求，刮涂方向必须与第 2 遍刮涂方向垂直，涂层无气孔、气泡，涂层平整，厚薄适宜	15						
7	稀撒砂粒、做保护层	砂粒撒布均匀，未粘接的砂粒应清扫回收	5						
8	安全文明施工	重大事故不合格，一般事故本项无分，未做到工完场清无分，扫而不清扣 5 分	15						
9	工效	按劳动定额时间进行，超过定额 10% 本项无分，在 10% 以下酌情扣 1~10 分	15						

学习情境 4 外墙防水工程施工

知识目标
- 理解外墙面一般防水施工构造。
- 理解墙身防水、墙面防水施工的材料要求，弄清施工工艺，熟悉施工方法。

能力目标
- 根据建筑防水施工规范及设计文件，落实外墙防水工程施工方案或技术措施。
- 会根据外墙防水操作要求，配备施工工具，做好安全防护。
- 能按照施工规范相关规定和施工工艺标准，规范地从事外墙防水施工的基本操作。
- 利用现行施工质量验收规范，检验外墙防水工程施工质量。

墙体是建筑物的承重、围护和分隔构件。外墙渗漏水，轻者直接影响室内的装饰效果，造成室内涂料起皮、壁纸变色、室内物质发霉等危害，更严重的会影响建筑物的使用寿命和结构安全。此外，因牵涉高空作业，外墙渗漏水维修作业也非常困难，故外墙防渗漏水必须引起重视，在外墙防水施工中应严格按标准要求进行。

外墙饰面防水工程构造做法应根据建筑物的类别、使用功能、外墙的高度、外墙墙体材料以及外墙饰面材料划分等级，应按等级进行设防和选材。外墙饰面的防水等级与设防要求见表 4-1。

表 4-1 外墙饰面的防水等级与设防要求

防水等级	外墙类别	设防要求
I	特别重要的建筑或外墙面高度超过 60m，或墙体为空心砖、轻质砖、多孔材料，或面砖、条砖、大理石等饰面，或对防水有较高要求的饰面材料	防水砂浆厚 20mm 或聚合物水泥砂浆厚 7mm
II	重要的建筑或外墙面高度为 20～60m，或墙体为实心砖或外墙饰面陶瓷砖材料	防水砂浆厚 15mm 或聚合物水泥砂浆厚 5mm
III	一般建筑物或外墙面高度为 20m 以下，或墙体为钢筋混凝土或水泥砂浆类饰面	防水砂浆厚 10mm 或聚合物水泥砂浆厚 3mm

外墙工程施工以前，首先要熟悉图纸，了解设计人员的意图。必要时通过图纸会审掌握施工图中的细部构造和有关技术要求，编制防水工程施工方案和技术措施。外墙工程防水施工方案编制应以国家标准、有关外墙防水工程的地方标准、各地区的标准图、选用防水材料的技术经济指标等为依据。

外墙防水根据具体设防部位可分为墙身防水和墙面防水。

子情境 1 外墙墙身防水施工

一、任务 1 砌体墙身防水施工

（一）砖墙墙身防水施工

（1）材料选择

① 砖　砖的种类主要有烧结普通砖、蒸压灰砂砖、粉煤灰砖、烧结空心砖。常用普通标准砖的尺寸（mm）为 240×115×53，空心砖的规格（mm）为 190×190×90、240×115×90、240×180×115 等。

砖的强度等级通常以其抗压强度为主要标准来确定，同时应满足一定的抗折强度。常用砖的等级有 MU10、MU15、MU20、MU25、MU30 等几种。在外观上要求砖的尺寸准确，无缺棱、掉角、裂纹和翘曲现象。用于冬季室外计算温度在 −10℃ 以下的地区，还要求吸水饱和的砖在 −15℃ 的条件下，经过 15 次冻融循环后，其重量损失不超过 2%，抗压强度降低不超过 25%，方为合格。

砖在砌筑前 1～2 天还需进行湿润。一般来说，普通砖、空心砖的含水率（以水占干砖的百分比）以 10%～15% 为宜。灰砂砖、粉煤灰砖的含水率以 5%～8% 为宜。

砖品种、强度等级必须符合设计要求，并有出厂合格证、试验单。清水墙的砖应色泽均匀，边角整齐。

② 水泥　品种及级别应根据砌体部位及所处环境条件选择，一般宜采用 32.5 级普通硅酸盐水泥或矿渣硅酸盐水泥。

③ 砂　用中砂，配制 M5 以下砂浆所用砂的含泥量不超过 10%，M5 及其以上砂浆的砂含泥量不超过 5%，使用前用 5mm 孔径的筛子过筛。

④ 掺合料　石灰熟化时间不少于 7 天，或采用粉煤灰等。

⑤ 其他材料　墙体拉结筋及预埋件、木砖应刷防腐剂等。

（2）组砌方法

砖墙是由砖和砂浆按照一定的砌筑方式砌筑而成的，就墙身的防水而言，砖墙必须按科学的组砌形式进行组砌，否则将会出现墙开裂和墙身渗水。常用的组砌方式有一顺一顶砌法、三顺一顶砌法、梅花顶砌法等。

（3）操作方法

砖石砌体除了要有正确的组砌规则外，还必须掌握和选择正确的砌砖操作方法，才能利用砂浆把各个单块砖石黏合成一个整体。常用的砌砖方法包括三一砌砖法、刮浆砌砖法、坐浆砌砖法、铺灰砌砖法等。砌筑工程宜采用"三一砌砖法"。

砌筑时，砌体的水平灰缝应平直，竖向灰缝应垂直，灰浆的厚薄均匀，以使砖块均匀受压，墙面美观，水平灰缝的厚度宜为 10mm，不应小于 8mm，也不应大于 12mm。水平灰缝的砂浆饱满度不得小于 80%。灰缝饱满方可保证砖块受力均匀，避免出现受弯、受剪、局部受压。竖缝宜采用挤浆或加浆方法，不得出现透明缝。严禁用水冲浆灌缝。

同时，为了使建筑物的纵横墙互相连接成一个整体，从而起到防水、保温等诸多作用，故不仅要求采用组砌形式使砖墙的砖与砖之间错缝搭接砌筑牢固，而且还要求墙身与墙身之间的连接也要互相错缝搭接咬槎砌筑，以增强建筑物的整体刚度。砖砌体的转角处和纵横墙的交接处应同时进行砌筑。如不能同时进行砌筑时，必须留槎，并要求砌体接茬处的表面要处理干净，浇水湿润，填实砂浆，灰缝平直。接槎的砌筑与工法合理与否，对建筑物的整体性影响很大。

（4）质量要求

砖砌体施工质量应满足标准《砌体工程施工质量验收规范》（GB 50203）相关条文的要求。

（二）砌块墙墙身防水施工

（1）材料选择

① 砌块　我国各地本着就地取材的方针，大量利用工业废渣制成了具有不同特点的砌块，其中有粉煤灰硅酸盐砌块、混凝土空心砌块、煤矸石空心砌块、炉渣空心砌块、页岩陶粒混凝土砌块和钢渣炭化砌块等。这些砌块用作建筑物墙体，具有足够的强度和刚度；能够满足隔声、隔热、保温等要求；建筑物的耐久性和技术经济效益也较好。

砌块的规格、型号与建筑的层高、开间和进深有关。砌块的长度、高度和厚度应在建筑平面上能砌筑各种按统一模数要求的层高；而且对砌筑门垛、独立柱、带壁柱等应有良好适应性，还应考虑门窗的模数化和砌筑宽度为 100mm 倍数的窗间墙。

一般砌块质量标准应满足以下要求：冻融循环 15 次以上，重量损失应小于 5%，强度降低应小于 5%；表面不允许有酥松现象；砌块应面平棱直，边缘的弯曲每米长度应小于5mm；砌块棱角脱落的深度不大于 40mm，长度不大于边长的 1/4，每块砌块至少有一个完整的条面。

② 砂浆　砌块砌筑用砂浆一般同普通砖砌筑用砂浆。但是砌筑加气混凝土砌块时，其砂浆的质量应符合《蒸压加气混凝土用砌筑砂浆与抹面砂浆》的技术要求，砂浆应掺入外加剂，且砂浆应具有保水功能，以便于操作施工；硬化后变形较大，以抵消砌块的收缩变形。同时砌筑砂浆的湿密度应≤1800kg/m³，砂浆强度以 2.5MPa 或 5.0MPa 为宜，砂浆的富余强度也不宜过高。

（2）组砌方法

砌块组砌时以主规格为主排列，不足一块时可以用次要规格代替，尽量做到不镶砖。排列时要使墙身受力均匀，注意墙的整体性和稳定性，尽量做到对称布置，使砌体墙面美观。

（3）操作方法

砌块必须错缝搭接，纵横墙及转角处要隔层相互咬错，参见图 4-1。错缝与搭接小于15cm 时，应在每皮砌块水平缝处采用钢筋网片连接加固，参见图 4-2，加强筋长度伸入墙内不应小于 50mm。

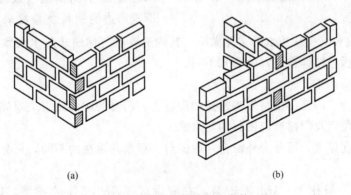

(a)　　　　　　　　　(b)

图 4-1　砌块墙的转角和交接

（4）质量要求

与砖砌体一样，砌块砌体施工质量同样应满足标准《砌体结构工程施工质量验收规范》（GB 50203）相关条文的要求。

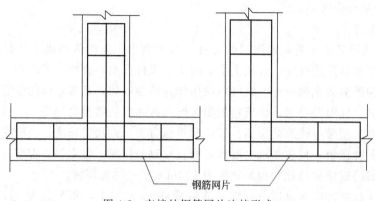

图 4-2 交接处钢筋网片连接形式

（三）砌体墙细部防水施工

（1）墙身变形缝的防水构造做法

墙身变形缝包括伸缩缝、沉降缝和防震缝。外墙变形缝必须考虑防水设防，做好防水处理，以确保雨、雪不会从缝中渗入。变形缝进行防水处理时，可采用高分子防水卷材和不锈钢板（或镀锌铁皮）进行多道设防。变形缝处的覆盖（防水设防）和装修必须保证变形缝能充分发挥其功能，使缝两侧结构单元的水平或竖向相对位移不受影响。图 4-3 是外墙伸缩缝防水的常见做法，其构造要点是：①在外墙内侧垫上背衬材料；②铺贴防水卷材，卷材在伸缩缝内应铺设成 U 形，卷材两边延伸至缝两边的外墙面应不小于 250mm；③最外侧采用 M 形定型不锈钢板（或镀锌铁皮）；④变形缝两边的钢板及卷材采用射钉固定。图

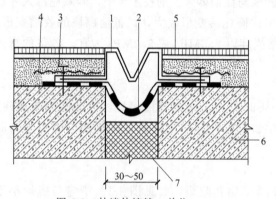

图 4-3 外墙伸缩缝 单位：mm

1—定型不锈钢板（或镀锌铁皮）；2—柔性防水层；3—射钉；4—钢板网；5—饰面；6—混凝土墙或柱；7—背衬材料

4-4 是外墙沉降缝和抗震缝防水的常见做法。其构造要点与伸缩缝防水大致相同，只是外侧所设定型不锈钢板（镀锌铁皮）的形式不同。

（2）门窗的防水施工

根据实际经验，门窗部位是外墙常见的渗漏源。门窗的防水施工主要应做好窗台、门窗框与墙身连接部位以及门窗玻璃密封的防水施工。

窗台根据所在位置，可分为外窗台和内窗台。根据其做法的不同，可分为砖窗台和混凝土窗台。

砖窗台表面一般抹 1:3 水泥砂浆，并应做成不小于 5% 的坡度，以利排水。如图 4-5(a)、(b) 所示，混凝土窗台一般现浇而成，也形成相应的坡度。

外窗台挑出尺寸大多为 60mm。表面的抹灰应在结构沉降稳定之后进行，外窗台的饰面抹灰材料应严格控制水泥砂浆的水灰比，抹灰前要充分湿润基层，并涂刷水泥素浆结合层，门窗下框的企口嵌缝必须饱满密实、压严。

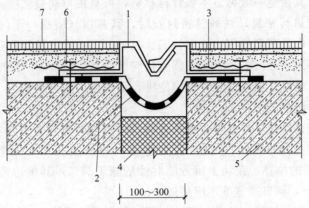

图 4-4　外墙沉降缝和抗震缝　单位：mm

1—定型不锈钢板（或镀锌铁皮）；2—柔性防水层；3—钢板网；
4—背衬材料；5—混凝土墙或柱；6—射钉；7—饰面

　　内窗台一般可采用如图 4-5(d) 所示的水泥砂浆窗台，即在窗台表面抹 20mm 厚的水泥砂浆，并向室内挑出 50mm。对于装饰要求较高且在窗台下设置暖气的房间，一般均可采用如图 4-5(e)、(f) 所示的预制水泥板或水磨石板，其板厚 30mm，两侧比洞口各宽 30mm 左右。

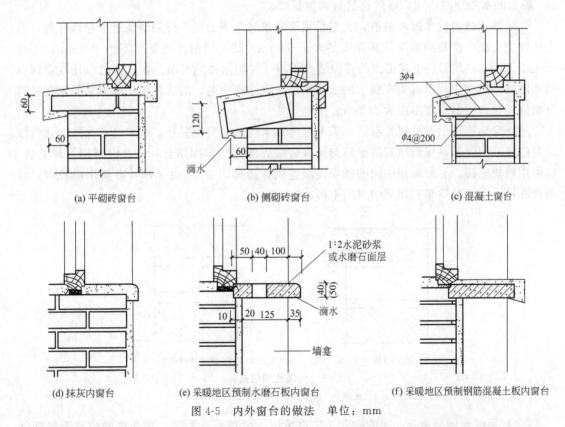

图 4-5　内外窗台的做法　单位：mm

　　窗框四周与墙身接缝的防水构造一般做法如下：门窗框与墙身间的缝隙内可嵌塞 PE 高发泡条、矿棉毡或其他软填料作背衬材料，并在外表面留出 10mm 左右的空槽。如果窗框四周的位移量较小，其接缝一般可以不做背衬材料，可直接与基层粘接。在软调料内外两侧的空槽内注入嵌缝胶进行密封，注嵌缝密封胶时，其基层（墙身）不仅要干净，而且需干燥。注胶时，窗框室内外两侧的周边均应注满、打匀，注嵌缝密封胶后应保持24h内不得见水。墙身如做装饰层时，注嵌的密封胶必须直接与墙面基层粘接。门窗框与墙身的安装缝隙可用外加剂防水砂浆或聚合物水泥砂浆嵌填饱满，不得使用混合砂浆。

（3）施工孔洞的防水施工

设计要求的孔洞、管道、沟槽均应在墙身砌筑时正确留出位置或预埋，未经设计同意，不得打凿墙身和在墙身上开凿水平沟槽，宽度超过300mm的孔洞应设置过梁。

① 墙身施工孔洞的填补　在墙上留置临时性的施工洞口，其侧边离纵横墙交接处或转角处不应小于500mm，洞口净宽度不应超过1m。

抗震设防烈度9度地区的建筑物，其临时洞口的设置位置应由设计单位专门设计确定。

洞口顶部宜设置过梁，也可采取在洞口上部逐层挑砖的办法封口，并预埋水平拉结筋。临时洞口补砌时，砖块表面应清理干净，并浇水湿润，再用与原墙相同的材料补砌严密、牢固。

对于各种施工孔洞的修补，应采取特殊措施，各种不同的施工孔洞其修补方法亦有所不同，但其共同之处就是要在砌筑封堵孔洞时，要处理好新旧砖面之间的结合，施工时首先要将原有接缝处残余的砂浆清除干净，并用水冲洗湿润原有的墙身，然后在接缝处涂刷掺有108胶水的水泥净浆一遍，最后再进行砌筑封堵。

要堵塞砖缝内的渗漏水通道，关键是堵塞砌筑时留下的空头缝和瞎头缝。在修补前，应先清除空头缝中酥松的砂浆，其深度要大于50mm，瞎头缝凿出宽度要不小于8mm，深度要大于50mm，然后将上述凿出的部位清扫干净，并用水冲洗湿润。在修补时，凡在需堵塞的范围内，也要先用掺有108胶水的水泥净浆普遍涂刷一遍，随后再用掺麻刀灰的水泥砂浆分层嵌填，每层的厚度不应大于8mm。

对于穿墙孔洞引起的成片渗漏，需用湿砖和水泥砂浆重新嵌补，施工时要保持砖块周围均有砂浆，同时要确保新堵塞的湿砖与原有砖墙界面之间牢固结合，嵌补时可用一块整砖，也可用两块短砖，必须确保中间的砂浆嵌填饱满，参见图4-6。由于修补砂浆用量较少，宜随拌随用，拌好的砂浆到用完的时间不得超过3h。

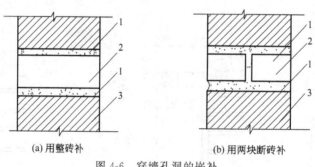

(a) 用整砖补　　　　　　　　(b) 用两块断砖补

图4-6　穿墙孔洞的嵌补

1—灰缝中嵌满砂浆；2—砖块；3—墙体

② 脚手眼预留与填补　砖墙砌到一定高度时，就需要脚手架。脚手眼的位置不能随便乱留，必须符合质量要求。如图4-7所示，补砌脚手眼时，应先将脚手眼内的砂浆以及浮灰杂质等清除干净，并洒水湿润，再用与原砌体相同的砖或砌块，用1:2水泥砂浆从里侧进

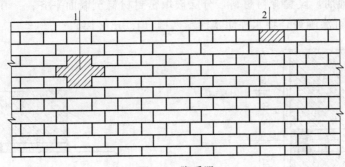

图 4-7　脚手眼

1—木排木脚手眼；2—铁排钢管脚手眼

行修补，修补深度为墙厚的 2/3，要求砂浆镶砌严密，留下外墙面 1/3 用 C20 细石混凝土在外墙面进行嵌填，要求嵌填密实，与墙面平。然后在脚手眼并比其周边大 30mm 范围抹聚合物水泥砂浆 5mm 厚；如为清水墙面，则从墙的内外两面均用与原砌体相同的砖或砌块，用 1：2 水泥砂浆分两次修补平整，四周勾凹槽，深度 4～5mm，并不得用干砖填塞。

（4）穿墙管道

穿墙管道与外墙装饰层（防水层）的交接部位，在温度变形、应力变形的作用下容易产生裂缝，有雨水侵入时，裂缝在风压的作用下，可使雨水渗入室内。因此，外墙的管道在预留孔洞中就位安装固定后，应将交接的缝隙清洗干净，洒水湿润，用聚合物水泥砂浆嵌填密实，并在外墙外侧预留宽度为 20mm 左右、深度为宽度 0.5～0.7 倍的凹槽，然后在凹槽内涂刷基层处理剂，填背衬材料，嵌填密封材料，最后方可做外侧墙面的装饰层（防水层）。

二、任务 2　混凝土墙身防水施工

混凝土墙身浇筑时一般比较密实，防水效果较好，因而这里主要讨论混凝土墙身的细部防水施工。

（一）墙身施工缝的防水

施工缝浇筑混凝土前，应除去缝表面的水泥薄膜、松动的石子和软弱的混凝土层，并用水冲洗干净，充分湿润，但不得有积水。在浇筑混凝土时，施工缝处应先铺 10～15mm 厚的水泥浆（水泥浆配合比为水泥：水＝1：0.4），以保证接缝的质量。在浇筑混凝土过程中，施工缝应细致捣实，使其紧密结合。

（二）墙身穿墙管的防水

（1）墙外挂模板穿墙套管孔的防水处理

对于现浇混凝土外墙外挂模板穿墙套管孔的防水处理如图 4-8 所示，具体做法如下。

① 拆除模板后，将外挂模板穿墙套管孔洞内的碎石或水泥砂浆疙瘩及浮灰杂质清除干净，并用水冲洗湿润，但不能有积水；

② 用 1：2 水泥砂浆或 C20 细石混凝土（宜掺微膨胀剂）填满套管孔洞，并使其密实。填塞时，水泥砂浆或细石混凝土应与外墙内墙面平齐，与外墙外墙面则应留不少于 30mm 的空隙；

③ 待填塞的水泥砂浆或细石混凝土养护干燥后，将外墙外侧预留的孔洞内清理干净，

然后满涂基层处理剂，设置背衬材料，分层嵌填密封材料至墙面平齐；

④ 最后表面可涂刷聚合物水泥防水涂料两遍（1.0mm 厚）。

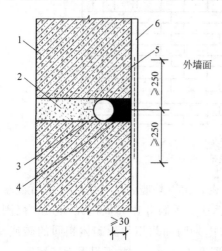

图 4-8 外挂模板穿墙套管孔防水处理 单位：mm
1—现浇混凝土外墙；2—C20 细石混凝
土填孔；3—背衬材料；4—密封材料；
5—聚合物水泥基防水材料（1.0mm 厚）；
6—外墙防水层

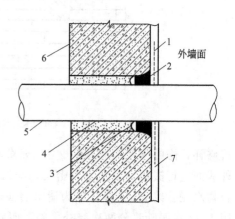

图 4-9 穿墙管道防水示意
1—聚合物防水涂料或聚合物水泥砂浆；2—V 形
凹槽并嵌填密封材料；3—背衬材料；4—聚合物
水泥砂浆；5—穿墙管道；6—混凝土
外墙体；7—外墙防水层

（2）穿墙管道的防水

穿过外墙防水层的管道不宜直接埋入现浇混凝土墙身中，也不可在管道根部周边不留置凹槽或在凹槽内不嵌填防水密封材料。穿越外墙防水层的管道应采用预埋套管盒的方法，其具体做法（见图 4-9）是：

① 套管盒在拆除后，穿墙管穿过已成形孔洞的缝隙内应用聚合物水泥砂浆或石棉水泥填塞密实；

② 在靠近外墙外侧部位，管道与混凝土墙身之间的缝隙应剔凿成 V 形凹槽；

③ 在凹槽内先涂刷基层处理剂，然后设置背衬材料，分层嵌填聚硅氧烷等高档次密封材料，其嵌入深度宜为缝宽的 0.5～0.7 倍；

④ 最后在洞口周边外墙表面 250mm 范围内，涂刷不小于 1.0mm 厚的聚合物防水涂料，或粉抹 10mm 厚聚合物水泥砂浆加以保护。

子情境 2　外墙墙面防水施工

一、任务 1　粘贴饰面砖外墙面防水施工

外墙贴面砖饰面与用其他材料饰面相比，具有坚固耐用、色彩鲜艳、易清洗、防火、防水、耐磨、耐腐蚀和维修费用低等优点，因而在现代外墙饰面工程中得到了广泛的应用。外墙面砖主要采用水泥砂浆粘贴施工，如图 4-10 所示，其防水的重点在于外墙砖本身的质量以及砖缝的防水，一般需在找平层与饰面砖粘接层之间设置防水层，以此增强外墙面的防水能力。

（一）作业条件

① 主体结构施工完毕，并通过验收。

② 外脚手架子（高层多用吊篮或吊架）应提前支搭和安装好，多层房屋最好选用双排脚手架。

③ 阳台栏杆、预留孔洞及排水管等已处理完毕，门窗框已作固定，隐蔽部位的防腐、填嵌处理完毕，并用 1∶3 水泥砂浆将缝隙塞严实；铝合金、塑料门窗、不锈钢门等框边缝所用嵌塞材料及密封材料应符合设计要求，且应塞堵密实，并事先粘贴好保护膜。

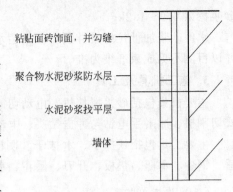

图 4-10　粘贴饰面砖外墙面构造

④ 墙面基层清理干净，脚手眼、窗台、窗套等事先应按要求填塞好。

⑤ 按设计要求的面砖尺寸、颜色进行选砖，并分类存放备用。

⑥ 大面积施工前应先放大样，并做出样板墙，确定施工工艺及操作要点，并向施工人员做好交底工作。样板墙完成后经有关技术人员共同确认后，方可组织大面积施工。

（二）施工准备

1. 技术准备

在进行外墙面砖粘贴施工前，应认真看图领会设计意图，熟悉外墙饰面砖工程规范施工的要求，编制专项方案。施工前，对操作人员进行书面的技术交底，确保工程质量，提前编制机具和材料计划。

2. 材料准备

（1）外墙砖

常用外墙砖的规格有 45mm×195mm、50mm×200mm、52mm×230mm、60mm×240mm、100mm×100mm、100mm×200mm、200mm×400mm 等，厚 6～8mm。外墙面砖表面有施釉和无釉之分，施釉砖有亚光和亮光之分，表面有平滑和粗糙之分，颜色较多，应根据设计要求选用。为了增强面砖与基层墙面的粘接，面砖背面均带有凹凸条纹。

要求外墙砖表面平整方正，图案、花色、颜色与样品相符，厚度一致，不得有缺棱掉角和断裂等缺陷。具有生产厂的出厂检验报告及产品合格证，材料进场时，要进行复检，主要检查尺寸、表面质量和吸水率，吸水率不宜大于 6%，验收合格后方可使用。

（2）聚合物水泥砂浆

聚合物水泥砂浆是将聚合物按比例加掺到水泥砂浆中拌和均匀而成。聚合物水泥砂浆制备时，则先将水泥、砂干拌均匀，再加入定量的聚合物溶液，搅拌均匀即可，一般搅拌时间为 2～3min。

聚合物和水泥应储存在干燥阴凉仓库内，严格与水接触，保存期 3 个月。

（3）水泥砂浆（加杜拉纤维）

水泥采用强度等级 32.5 以上的硅酸盐水泥，强度不低于 M7.5，抗拉粘接强度不低于 0.4MPa。水泥的凝结时间、安定性和抗拉强度复试合格。

杜拉纤维是经特殊工艺制成的聚丙烯单丝短纤，可掺加在混凝土/水泥砂浆中，有效提高其抗裂、抗渗、抗冻、耐磨性能以及抗冲击韧性，增加其延性。对于改善混凝土结构、提高混凝土的耐久性、保障工程质量、延长工程寿命均有显著意义。杜拉纤维掺量可采用每方砂浆掺入 0.9～1.2kg。

水泥砂浆加杜拉纤维拌制时，采用水泥砂浆的搅拌设备及工艺，搅拌时间不少于 3min，并以目测不见成束纤维为准。

3. 施工机具及工具

主要机具包括砂浆搅拌机、电动切割机（面砖切割机）、手动切割机、手电钻、砂轮台式切割机、冲击手电钻与冲击钻头、电动快速磨石机和电热切割机、斗车等。

主要工具包括铁抹子、木抹子、阴阳角抹子、托灰板、木刮子、方尺、托线板、小铁锤、钢錾、木槌、垫板、开刀、墨斗、水平尺、小线、线锤等。

（三）施工工艺

粘贴饰面砖外墙面防水施工的施工工艺如下框图所示。

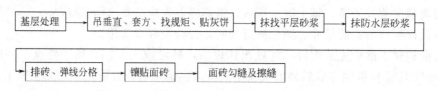

（四）施工方法

1. 基层处理

（1）基层局部处理

基层处理前应对墙面进行检查，如发现有蜂窝、麻面、孔洞缺陷时应先行堵塞修补。对于穿墙套管、设备和门窗等预埋件应牢固安装，并嵌缝密封；对拉墙螺杆预留孔应先灌注膨胀剂进行封堵，在外墙的预留孔部位凿 40mm 深喇叭口，并在灌注膨胀剂后，再在喇叭口处填 20mm 厚堵漏王。

（2）基层大面处理

基层大面处理应根据基层材料的不同分别采用如下处理方式。

① 混凝土墙面基层

做法 1：首先将混凝土墙面的凸出混凝土剔平，将混凝土表面尘土、污垢清扫干净，去除油污，采用扫把甩浆，甩毛砂浆配比为水泥∶砂浆∶801 胶＝1∶1∶0.5（质量比），扫把为塑料扫把或竹扫把，必须保证扫把把条细密，甩时应重甩轻起，沿水平甩毛，后道甩点压前道甩点的 1/3，甩毛要均匀，且要拉出毛尖，增加墙面毛糙，满布墙面，毛面要达到95%。提出扫帚后，将砂浆表面拉毛，甩浆厚度不小于 5mm，其中表面凸起不小于 5mm。终凝后浇水养护 7d，待水泥砂浆疙瘩用手掰不动为止。

做法 2：在光滑的混凝土墙面，隔夜浇水湿透后，抹一道厚度约 2mm、水灰比为0.37～0.40 的聚合物水泥浆结合层，并应分两次抹压，即先抹一层 10mm 厚的结合层，并用铁抹子往返抹压 5～6 遍，使聚合物水泥浆充分嵌入墙体结构层的孔隙内，随后再抹一层1mm 厚的聚合物水泥浆顺平，并用毛刷蘸水将其拉成毛纹，以便能与水泥砂浆找平层结合牢固。

② 加气混凝土砌块墙基层　先用扫帚将墙面的废余砂浆、灰尘、污垢和油渍等清除干净，检查墙面的凹凸情况，对缺棱掉角的墙和接缝处高低差较大时，可用 1∶1 砂浆掺水20%的 108 胶水拌匀，分层找补抹平，每层厚度在 7～9mm，待找补层终凝后浇水养护。再用上述同强度的细砂浆用扫帚甩在混凝土砌块墙上，并将砂浆表面拉毛，甩浆厚度不小于

5mm，其中表面凸起不小于 3mm。毛面要达到 95%。终凝后浇水养护到砂浆疙瘩凝固在墙面上用手掰不动为止。

2. 抹找平层砂浆

（1）吊垂直、套方、找规矩、贴灰饼

在建筑物四周大角和窗边用经纬仪打垂直线找直；在窗四角、垛、墙面等处由顶到底弹出垂直线，再弹各楼层闭合的水平线；用鱼尾板上下吊垂直做 1:3 水泥砂浆灰饼，再在这两个灰饼上下拉通线，每步架子贴灰饼，再拉横线做中间水平向的各灰饼，以决定抹灰层的厚度，灰饼间距 1.2～1.4m。同时要注意找好凸出檐口、腰线、窗台等饰面的流水坡度。

（2）抹找平层砂浆

① 不同材料交接部的处理。在钢筋混凝土梁底、柱边等有不同材料交接处，应采用聚合物水泥砂浆勾缝，并在其接缝处外墙内外两侧同时附加金属网，以增加找平层的密实度和与结构基层的粘接力，增强找平层的抗压强度，避免找平层出现裂缝、脱落而引起渗漏。金属网在钢筋混凝土柱或梁上可用射钉固定，在砖砌体上可用水泥钉固定，钉

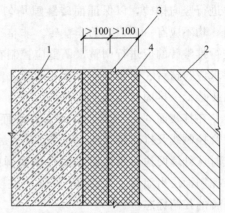

图 4-11　混凝土墙与砖墙交接处的处理
1—混凝土墙（柱、梁）；2—砖（或砌块）墙；
3—混凝土墙与砖墙交接处；4—金属网
（宽度 200～300mm，孔径 10mm）

距宜为 500mm，固定得恰当，不紧不松，并用 1:2 水泥砂浆粘牢，然后与整体墙面一起做找平层和防水层，如图 4-11 所示。

② 抹找平层砂浆时，基层必须充分湿润，严禁在干燥的混凝土上抹砂浆找平。找平层砂浆应分两遍抹灰，每遍厚度宜为 7～10mm，第一遍先在两筋中间薄抹一遍，由上往下进行，在前一层终凝后再抹第二遍，由下往上刮平找直，用力将砂浆压入钢丝网内，凹陷处要用砂浆补平，然后用木抹子搓平，终凝后浇水养护。

3. 抹防水层砂浆

墙面防水层一般采用聚合物水泥砂浆，先在湿润的找平层上刷水泥浆一遍，然后方可分层抹压防水砂浆层。防水层聚合物水泥砂浆应分两层施工，总厚度控制在 10mm 以内。聚合物水泥砂浆宜采用压力喷涂施工，每遍喷涂厚度宜为 3mm，采用抹压时每层厚度不应大于 5mm，前一层抹面凝结后方可涂抹后一层。当最后一层抹完后，应在凝固前反复抹压密实，凝固后要做好洒水养护工作。

需要注意的是，由于外墙面防水砂浆防水层面积较大，且常年暴露在大气中，受大自然风雨烈日的影响亦较大，温差引起的收缩值较大，为防止墙面收缩产生裂缝，防水层施工时一般要用分格条分格，外墙分格缝的纵横间距不宜大于 3m，分格条宽度宜为 10mm，深度为防水层厚度。具体做法为：在找平层上根据尺寸弹出分格线，分格条在水中泡透，在分格条的小面抹上水泥浆粘在分格线的下口（水平线）或左侧（垂直线），即可在分格条两侧抹上水泥浆呈八字形。如饰面层设计留置分格缝时，防水层分格缝宜与其对齐。

外墙聚合物水泥砂浆防水层应根据气候情况进行养护，一般温度在 20℃ 左右，每天可淋水 2～3 次，养护时间不应少于 3d。在养护期内应保持湿润，聚合物水泥砂浆防水层在未达到凝固状态时，不得采用淋水养护或受到雨水冲刷，待硬化后可采用干湿交替的方法进行

养护。避免砂浆内部水分蒸发过快而影响到水泥的水化作用并导致砂浆变形、起壳和开裂，造成外墙渗漏水。

4. 粘贴饰面砖

（1）排砖、弹线分格

面砖在贴前要进行预排，水平、垂直缝宽分别控制在5～9mm和3～5mm。根据墙面尺寸进行竖向排砖，以保证面砖缝隙均匀，要求尽量全用整砖，以及在同一墙面上的竖向排列，均不应有一列以上的非整砖。非整砖应排在次要部位如窗间墙或阴角处等，若能够调整进行排整砖的应进行调整，调整应控制在0.5mm之内，但也要注意一致和对称。横缝一般要求应与窗台、窗楣相平。女儿墙顶、窗顶、窗台及各种腰线部位，应顶面砖盖立面砖，立面砖最低一排面砖压底平面面砖。

在抹灰面6～7成干时，即可在墙面上每两个楼层按建筑标高弹一闭合的水平线，根据闭合控制线及排砖情况从上向下弹若干水平线作为控制每行砖或每张砖的水平度，在弹竖向线时从外墙两边阳角向窗户按砖模数弹线，然后再挂线，用面砖做灰饼间距不大于1.4m，以控制面层出墙尺寸及垂直、平整。在阴阳角、窗口处、水平线和垂直线都要弹出，作为贴面砖的控制标志。

（2）镶贴面砖

面砖粘贴前，要根据其吸水性充分吸水，并晾干。

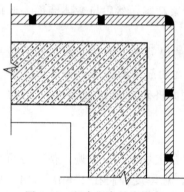

外墙饰面砖的整体粘贴顺序为自上而下，在每一分段或分块内的面砖，为自下向上镶贴。先贴凸出部分以及细部，然后再贴大片外墙面。从最下一层砖下皮的位置线先稳好靠尺，以此托住第一皮面砖，在面砖外皮上口拉水平通线，作为镶贴的基线。镶贴时，先将面砖背面满批砂浆，根据面砖控制线贴到墙面，用小铲把轻轻敲击，使之与基层粘接牢固，并用靠尺将面砖在垂直及水平方向随时找平找方。按此方法自阳角起逐块按所弹水平线粘贴，当一行砖贴完后，须将砖面挤出胶浆，刮去多余的胶浆。胶浆初凝后或超过允许时间后，严禁振动或移动面砖；面砖的缝隙应大小均匀、横平竖直。一般情况下，竖向阳角处采用海棠

图4-12 竖向阳角处海棠角

角，如图4-12所示。对凸出墙面的窗台、檐口、空调板线等部位，在水平阳角处，应做20%的向外排水坡，采用顶面砖压立面砖，立面最低一排面砖压底平面面砖，且立面最低一排面砖要往下凸出3mm，底平面面砖横贴排水坡度为20%。饰面砖套割时，要在背面切割，切口边缘应整齐，缝隙符合要求。

5. 勾缝及擦缝

待面砖粘贴达到一定强度，即可采用弯折的φ6钢筋进行面砖勾缝，勾成凹缝，凹进面砖深度约为3mm，勾缝材料采用（水泥：砂浆＝1∶1）的聚合物水泥砂浆，砂要求为细砂。勾缝分两次嵌入，先勾水平缝，后勾垂直缝。勾缝应连续、平直、光滑，无裂纹、砂眼和空鼓。勾缝后要及时浇水养护。

面砖缝勾完后，用布或棉纱擦净面砖。必要时可用稀盐酸擦洗，然后用水冲洗干净（酸洗时阳光暴晒，应有遮盖措施）。

面砖铺贴好并待砂浆收干后,应逐块进行敲击检查,如发现起壳,应及时进行处理,不留隐患。

（五）施工质量检验

粘贴饰面砖外墙面的防水施工应按检验批进行验收,分主控项目和一般项目,检验批的质量验收标准详见表 4-2 所示的要求。

表 4-2　粘贴饰面砖外墙面防水施工质量验收标准

验收种类	项　目	质量标准	检验方法
主控项目	饰面砖要求	饰面砖的品种、规格、图案、颜色和性能应符合设计要求	观察;检查产品合格证书、进场验收记录、性能检测报告和复验报告
	饰面砖粘贴工程材料及施工方法	饰面砖粘贴工程的找平、防水、粘接和勾缝材料及施工方法应符合设计要求、国家现行产品标准、工程技术标准及国家环境污染控制等规定	检查产品合格证书、复验报告和隐蔽工程验收记录
	饰面砖粘贴要求	饰面砖粘贴必须牢固	检查样板件粘接强度、检测报告和施工记录
	满粘法施工粘贴要求	满粘法施工的饰面砖工程应无空鼓、裂缝	观察;用小锤轻击检查
一般项目	饰面砖表面要求	饰面砖表面应平整、洁净、色泽一致,无裂痕和缺损	观察
	阴阳角处、非整砖使用部位要求	阴阳角处搭接方式、非整砖使用部位应符合设计要求	观察
	墙面凸出物周围的饰面砖	墙面凸出物周围的饰面砖应整砖套割吻合,边缘应整齐。墙裙、贴脸凸出墙面的厚度应一致	观察;尺量检查
	饰面砖接缝	饰面砖接缝应平直、光滑,填嵌应连续、密实;宽度和深度应符合设计要求	观察;尺量检查
	排水要求	排水要求的部位应做滴水线(槽)。滴水线(槽)应顺直,流水坡向应正确,坡度应符合设计要求	观察;用水平尺检查

外墙饰面砖粘贴的允许偏差项目和检验方法应符合表 4-3 的规定。

表 4-3　外墙饰面砖粘贴的允许偏差项目和检验方法

项次	项　目	允许偏差/mm	检验方法
1	立面垂直度	3	用 2m 垂直检测尺检查
2	表面平整度	4	用 2m 靠尺和塞尺检查
3	阴阳角方正	3	用直角检测尺检查
4	接缝平线度	3	拉 5m 线,不足 5m 拉通线,用钢直尺检查
5	接缝高低差	1	用钢直尺和塞尺检查
6	接缝宽度	1	用钢直尺检查

（六）施工质量问题及防治措施

饰面砖粘贴的质量问题及防治措施见表 4-4。

表 4-4　饰面砖粘贴的质量问题及防治措施

序号	现象	主要原因	防治措施
1	空鼓、脱落	①基层处理或施工不当,如每层抹灰跟得太紧,面砖勾缝不严,又没有洒水养护,各层之间的粘接强度很差,面层就容易产生空鼓、脱落 ②砂浆配合比不准,稠度控制不好,砂中含泥量过大,在同一施工面上采用几种不同的配合比砂浆,因而产生不同的干缩率亦会造成空鼓	在贴面砖砂浆中加适量建筑胶水,增强粘接,严格按工艺标准操作,重视基层处理和自检工作,要逐块检查,发现空鼓的应随即返工重贴

序号	现象	主 要 原 因	防 治 措 施
2	墙面不平	结构施工期间，几何尺寸控制不好，造成外墙面垂直、平整偏差太大，而装修前对基层处理又不够认真	加强对基层打底工作的检查，合格后方进行下道工序
3	分格缝不匀、不直	施工前没有认真按照图纸尺寸，核对结构施工的实际情况，加上分段分块弹线、排砖不细，贴灰饼控制点少，以及面砖规格尺寸偏差大，施工中选砖不细，操作不当等造成	认真按照图纸尺寸，核对结构施工的实际情况，分段分块弹线、排砖细致，贴灰饼控制适宜，认真挑选面砖
4	墙面脏	勾完缝后没有及时擦净砂浆以及其他工种污染所致	用棉丝蘸稀盐酸加20%水的溶液刷洗，然后用自来水冲净。同时应加强其他工序施工的成品保护工作

（七）成品保护及安全环保措施

1. 成品保护

① 外墙饰面砖粘贴后，对因油漆、防水等后续工程而可能造成污染的部位，应采取临时保护措施。

② 对施工中可能发生碰损的入口、通道、阳角等部位，应采取临时保护措施。

③ 应合理安排水、电、设备安装等工序，及时配合施工，不应在外墙饰面砖粘贴后开凿孔洞。

④ 拆架子时注意不要碰撞墙面。

⑤ 装饰材料和饰件以及饰面的构件，在运输、保管和施工过程中，必须采取措施防止损坏。

2. 安全环保措施

① 加强对作业人员的安全、环保意识教育，严格遵守有关规定。

② 操作前检查脚手架和脚手板是否搭设牢固，高度是否满足操作要求，合格后才能上架操作，凡不符合安全之处应及时修整。

③ 禁止穿硬底鞋、拖鞋、高跟鞋在架子上作业，架子上的人不得集中在一起，工具要搁置稳固，以防止坠落伤人。在两层脚手架上操作时，应尽量避免在同一垂直线上工作，必须同时作业时，下层操作人员必须戴安全帽，并应设置防护措施。

④ 饰面砖、胶黏剂等材料必须符合环保要求。

二、任务 2　干挂石材外墙面防水施工

干挂石材作为一种新型安装工艺，在美观、耐久、不易变色及平整度上都达到了一个新的水平。它克服了石材传统湿贴方法的缺陷，在大型民用建筑外墙面装饰中得到日益广泛的应用。其原理是在主体结构上设主要受力点，通过金属挂件将石材固定在建筑物上，形成石材装饰幕墙。其主要优点包括：一是可以有效地避免传统湿贴工艺出现的板材空鼓、开裂、脱落等现象，明显提高了建筑物的安全性和耐久性；二是可以避免传统湿贴工艺板面出现的泛白、变色等现象，有利于保持幕墙清洁美观；三是在一定程度上改善了施工人员的劳动条件，减轻了劳动强度，有助于加快工程进度。

干挂石材外墙面的防水做法包括在墙面上涂刷防水层、石材背面做防水处理以及石材缝

隙的处理。干挂石材外墙面的构造如图 4-13 所示。

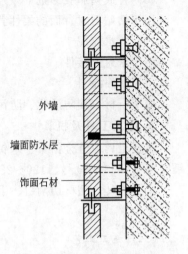

图 4-13　干挂石材外墙面的构造

（一）作业条件

① 主体结构施工完毕，并经过验收。

② 搭设双排架子或架设吊篮，并经安全部门检查验收。

③ 水电及设备、墙上预埋件已安装完毕。垂直运输机具均事先准备好。

④ 外门窗已安装完毕，安装质量符合要求。

⑤ 对施工人员进行技术交底时，应强调技术措施、质量要求和成品保护，大面积施工前应先做样板，经质检部门鉴定合格后，方可组织班组施工。

⑥ 与石材饰面施工相关联的隐蔽工程已经验收。

（二）施工准备

1. 材料准备

（1）石材

饰面石材应表面平整、边缘整齐；棱角不得损坏；应具有产品合格证。天然石材装饰板的表面不得有隐伤、风化等缺陷，不宜采用褪色的材料包装。天然石材按规格尺寸允许偏差、平面度允许极限公差、角度允许极限公差及外观质量，可分为优等品（A）、一等品（B）、合格品（C）三个等级。按设计要求的品种、颜色、花纹和尺寸规格选用石材，并严格控制、检查其抗折强度、抗拉强度及抗压强度，吸水率、耐冻融循环等性能。块材的表面应光洁、方正、平整、质地坚固，不得有缺棱、掉角、暗痕和裂纹等缺陷。

天然石材采用干挂施工时，首先应根据设计尺寸和图纸要求，将专用模具固定在台钻上，进行石材打孔。为保证位置准确垂直，要钉一个定型石板托架，使石板放在托架上，要打孔的小面与钻头垂直，使孔成型后准确无误，孔深为 20mm，孔径为 5mm，钻头为 4.5mm。

石材需要做防腐处理时，要在石材背面刷不饱和树脂，主要采用一布二胶的做法，布为无碱、无捻 24 目的玻璃丝布，石板在刷头遍胶前，先把编号写在石板上，并将石板上的浮灰清除干净，如锯锈、铁末，用钢丝刷、粗砂纸将其除掉再刷头遍胶，胶要随用随配，防止固化造成浪费。要注意处理好边角处，特别是打孔的部位——薄弱区域必须刷到，布要铺满，刷完头遍胶，铺贴玻璃纤维丝布要从一边用刷子赶平，铺平后再刷二遍胶，刷子蘸胶不要过多，防止流到石材侧面，给嵌缝带来困难，出现质量问题。

（2）钢挂件

膨胀螺栓、连接铁件、连接不锈钢针等配套的铁垫板、垫圈、螺母及与骨架固定的各种连接件的质量，必须符合国家现行有关标准的规定。

（3）嵌缝胶

采用中性聚硅氧烷耐候密封胶，也可在现场组配，在环氧树脂液中，加入胶质量 30% 的低分子聚酰胺树脂 651 胶液，混匀后使用。但无论采用哪一种嵌缝胶，都必须在使用前进行粘接力和相容性试验。

（4）玻璃纤维网格布

石材背衬材料。抽样复验，应满足产品质量标准。

（5）合成树脂胶黏剂

用于粘贴石材背面的柔性背衬材料，要求具有防水和良好的耐老化性能。

（6）防水胶泥

用于密封连接件。

（7）罩面涂料

用于石材表面防风化、防污染。

2. 施工工具及机具

主要工具：合金钻头、木锤或橡皮锤、硬木拍板、钢尺、铁铲、合金錾、钢錾、小手锤、磨石（60～80 号、120～280 号、320～400 号）。

主要机具：型材切割机、手电钻、冲击电钻（电锤）、电动磨石子机、电动角向磨光机、射钉枪。

（三）施工工艺

干挂石材外墙面防水施工的施工工艺如下框图所示。

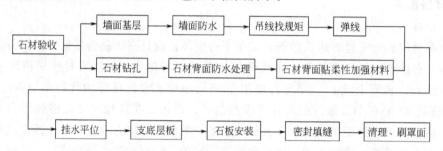

（四）施工方法

1. 基层处理

将基层表面的污垢、浮土、泥浆等杂物清理干净。基层表面有裂缝、缺棱、垂角、凹凸不平处，应用聚合物水泥砂浆修补，待干燥后再进行墙面防水施工。

复核作业面上结构的外形尺寸，墙体的垂直、平整度的误差控制在挂件能伸缩调节的范围。

2. 墙面防水处理

喷刷一道或两道硅水（配合比为防水剂∶水＝1∶7），并在潮湿状态下进行下一道工序。为使防水层在锚栓处连续，应在清孔后，将涂有防水胶泥的不锈钢胀管螺栓（涂于栓套外及锥体上半段）置入，起到密封作用。

3. 墙面饰面层施工

（1）弹线

根据设计图纸从水平标高引出测点，定出作业面干挂的控制线，再弹出底层水平墨线作为干挂花岗石饰面板的基准线。垂直方向用麻线或细钢丝自顶部挂通长线作控制线。据此安排每块饰面板所占的墙面，规划各固定点的位置。

（2）龙骨定位

安装主次龙骨定位要准确，主次龙骨外立面必须垂直、平整。根据主次龙骨的定位线装角码（与预埋件连接），角码是固定主龙骨的。如果使用钻孔预埋胀栓，应在清孔后，将涂有聚合物水泥防水涂料（JS）的不锈钢胀栓（JS涂于栓套外及锥体上半段）置入，JS自动在栓口周边堆积加厚,起到密封作用,遇到剪力墙膨胀螺栓打不进去或起不到很大作用时,则需做特殊加固,加密角码或增加膨胀螺栓的数量,每个膨胀螺栓的垫片与角码必须满焊。次龙骨根据设计要求分格,直接焊牢在主龙骨上,外表面必须与主龙骨外表面平齐,上表面与主龙骨"凹"槽切口吻合。

(3)焊接要求

保证焊缝厚度不小于 6mm,长度 200mm,不锈钢插片与次龙骨的角焊缝高度 4mm,长度 150mm。

(4)不锈钢插片

如图 4-14 所示,先用 M8×25mm 的不锈钢螺栓调整、固定在次龙骨上(每块石板的 $L/4$ 处上下各有两个点),如图 4-15 所示。先把底排焊牢,石板逐块逐排往上挂,调整其上插片,固定后再焊牢。

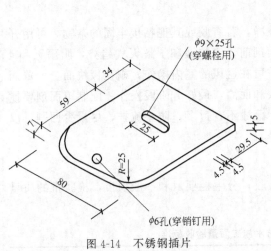

图 4-14　不锈钢插片

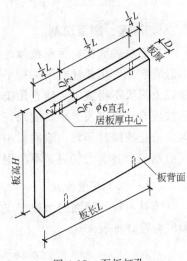

图 4-15　石板打孔

(5)石板安装

石板从底层第一排开始,由下而上逐排干挂,每块石板垂直面的 $L/2$ 处,均设"z"码,直接用不锈钢螺钉 M6×20mm 固定在槽钢的外表面上。石板两个水平面的开槽必须严格控制,尽量居中,使插片与石板的内外距离相等,这样就不会受风压力的破坏。板缝 8mm 宽,阳角为"八"字碰角。石板表面必须平整、垂直,横、竖缝顺直,每安装 3~5 块板,即进行一次水平、标高的检测及间距误差的调整。

(6)安设不锈钢针

将钢针一端插入石板孔内(孔内注云石胶),另一端插入另一石板孔内,如图 4-16 所示。

4. 嵌缝

沿面板边缘贴防污条,应选用 4cm 左右的纸带型不干胶带,边沿要贴齐、贴严,在石板间的缝隙处嵌弹性泡沫填充(棒)条,填充(棒)条嵌好后离装修面 5mm,最后在填充(棒)条外用嵌缝枪把中性硅胶打入缝内,如图 4-17 所示。打胶时用力要均匀,走枪要稳而慢,如胶面不太平顺,可用不锈钢小勺刮平,小勺要随用随擦干净,嵌底层石板缝时,要注意不要堵塞流水管。根据石板颜色可在胶中加适量矿物质颜料。

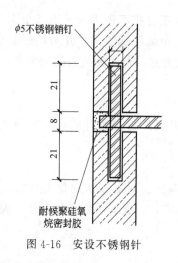

图 4-16 安设不锈钢针

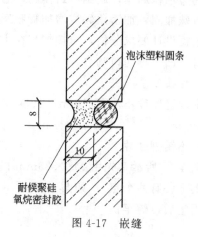

图 4-17 嵌缝

5. 清理、刷罩面剂

把石材表面的防污条掀掉，用棉丝将石板擦净，若有胶或其他粘接牢固的杂物，可用开刀轻轻铲除，用棉丝蘸丙酮擦至干净。在刷罩面剂前，应掌握和了解天气趋势，阴雨天和 4 级以上风天不得施工，防止污染漆膜；冬、雨季可在避风的室内操作，刷在板块面上。罩面剂按配合比在刷前半小时调剂好，注意区别底漆和面漆，最好分阶段操作。配制罩面剂要搅匀，防止成膜时不均，涂刷要用 3 寸的羊毛刷，蘸漆不宜过多，防止流挂，尽量少回刷，以免有刷痕，要求无气泡、不漏刷，平整而有光泽。

（五）施工质量检验

干挂石材外墙面防水施工应按检验批进行验收，分主控项目和一般项目，检验批的质量验收标准详见表 4-5。

表 4-5 干挂石材外墙面防水施工质量验收标准

验收种类	项　目	质　量　标　准	检　验　方　法
主控项目	饰面石材板	饰面石材板的品种、防腐、规格、形状、平整度、几何尺寸、光洁度、颜色和图案必须符合设计要求，并有产品合格证	观察和尺量检查；检查材质合格证书和检测报告
	面层与基底安装要求及材料要求	面层与基底应安装牢固，粘贴用料、干挂配件必须符合设计要求和国家现行有关标准的规定。碳钢配件需作防锈、防腐处理。焊接点应作防腐处理	观察；检查合格证书
	饰面板安装工程的预埋件（或后置埋件）、连接件及饰面板安装要求	饰面板安装工程的预埋件（或后置埋件）、连接件的数量、规格、位置、连接方法和防腐处理必须符合设计要求。后置埋件的现场拉拔强度必须符合设计要求。饰面板安装必须牢固	手扳检查；现场拉拔检测；隐蔽验收
一般项目	石板表面、拼花要求	表面平整、洁净；拼花正确、纹理清晰通顺；颜色均匀一致；非整板部位安排适宜，阴阳角处的板压向正确	观察
	板缝要求	缝格均匀，板缝通顺，接缝嵌填密实，宽窄一致，无错台错位	观察
	细部要求	凸出物周围的板采取整板套割，尺寸准确，边缘吻合整齐、平顺，墙裙、贴脸等上口平直	观察和尺量检查
	排水要求	滴水线顺直，流水坡向正确、清晰美观	观察

室内、外墙面干挂石材允许偏差和检验方法应符合表 4-6 的规定。

表 4-6 室内、外墙面干挂石材允许偏差和检验方法

项次	项 目	允许偏差/mm		检 验 方 法
		光面	粗面	
1	立面垂直	2	3	用 2m 垂直检测尺检查
2	表面平整	2	3	用 2m 靠尺和塞尺检查
3	阳角方正	2	4	用 20cm 方尺和塞尺检查
4	接缝平直	2	4	用 5m 小线和钢直尺检查
5	墙裙上口平直	2	3	用 5m 小线和钢直尺检查
6	接缝高低差	0.5	2	用钢板短尺和塞尺检查
7	接缝宽度	1	2	用钢直尺检查

（六）成品保护与安全环保措施

1. 成品保护

① 安装好的石板应有切实可行可靠的防污措施；要及时清擦残留在门窗框、玻璃和金属饰面板上的污物，特别是打胶时在胶缝两侧宜粘贴保护膜，预防污染。

② 饰面完工后，易磕碰的棱角处要做好成品保护工作，其他工种操作时不得划伤和碰坏石材。

③ 拆改架子和上料时，注意不要碰撞干挂石材饰面板。

④ 施工中环氧胶未达到强度不得进行上一层板材的施工，并防止撞击和震动。

2. 安全环保措施

① 合理安排作业时间，避免在中午和夜间进行切割作业，使施工噪声对周围环境的影响减少到最低程度。在施工场地噪声敏感区域宜选择使用低噪声的设备并实行封闭施工，采取有效措施控制噪声、扬尘、废物排放。

② 切割石材的工人应佩戴口罩，穿长袖衣服，还应戴手套，防止吸入粉尘，损伤皮肤。

三、任务 3　外墙涂料墙面防水施工

外墙涂料是指涂敷于物体表面能与基层牢固粘接并形成完整而坚韧保护膜的材料，在目前应用非常普及。外墙涂料的优点在于较为经济、整体感强、装饰性良好、施工简便、工期短、工效高、维修方便、首次投入成本低，即使起皮及脱落也没有伤人的危险，而且便于更新换代，丰富不同时期建筑的不同要求，进行维护更新以后，可以提升建筑形象。同时，在涂料里添加防水剂可以一次施工就解决防水问题，如果防水要求比较高可以加设一道防水层。它的缺点在于质感较差，容易被污染、变色、起皮、开裂。同时，寿命较短，即使号称寿命 10 年的涂料，一般不到 5 年就可能需要清洁重刷。外墙涂料墙面的构造示意如图 4-18 所示。下面以常见的乳胶漆为例介绍外墙涂料饰面的防水施工。

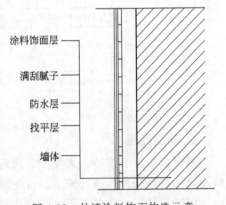

图 4-18 外墙涂料饰面构造示意

（一）作业条件

① 作业面要通风良好，环境要干燥，一般施工时温度应在5～35℃，相对湿度不宜大于60％。

② 应事先按规范搭设好脚手架。

③ 大面积正式施工前，应事先作样板，经有关部门检查鉴定确认合格后，方可组织班组操作者进行大面积施工。

（二）施工准备

1. 材料准备

（1）乳液型外墙饰面涂料

乳液型外墙饰面涂料以高分子合成树脂乳液为主要成膜物质的外墙涂料。按乳液制造方法不同可以分为两类：一是由单体通过乳液聚合工艺直接合成的乳液；二是由高分子合成树脂通过乳化方法制成的乳液。按涂料的质感又可分为乳胶漆（薄型乳液涂料）、厚质涂料及彩色砂壁状涂料等。

乳胶漆应符合《合成树脂乳液外墙涂料》（GB/T 9755）标准的规定，必须有出厂合格证和试验报告，其用量可参考各厂家的说明。

（2）外墙腻子

成品耐水腻子或用白水泥、合成树脂乳液等调配，外墙腻子用量为1.5～2kg/m²。

（3）聚合物防水涂料

聚合物防水涂料是将一定比例的有机聚合物乳液和无机粉料均匀共混搅拌，经无机粉料的水化反应以及水性乳液交联固化复合形成高强坚韧的防水涂膜。由于是由有机材料和无机材料复合而成，该涂膜兼有了这两类材料的优点，即具有弹性高、延伸率大、耐久性和耐水性好的特点。聚合物防水涂料一般用量为2.1～3.0kg/m²。

2. 施工机具及工具

外墙涂料防水墙面施工应准备的工、机具为油灰刀、钢丝刷、腻子刮刀或刮板、腻子托板、砂纸、滚筒刷、排笔、油漆刷、手提电动搅拌机、过滤筛、塑料桶、匀料板、钢卷尺、粉线包、薄膜胶带、遮挡板、遮盖纸、塑料防护眼镜、口罩、手套、工作服、胶鞋。

（三）施工工艺

外墙涂料墙面防水施工的施工工艺如下框图所示。

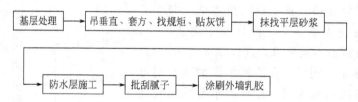

（四）施工方法

1. 基层处理

基层应平整、清洁、无浮砂、无起壳。基层含水率应在10％以下，pH值小于9，未经检验合格的基层不得进行施工。首先清除基层表面尘土和其他黏附物。较大的凹陷应用聚合物水泥砂浆抹平，并待其干燥；较小的孔洞、裂缝用腻子修补。混凝土墙面泛碱起霜时，用硫酸锌溶液或稀盐酸溶液刷洗，油污用洗涤剂清洗，最后再用清水洗净。

对于维修工程，对基层原有涂层应视不同情况区别对待：疏松、起壳、脆裂的旧涂层应将其铲除；黏附牢固的旧涂层用砂纸打毛；不耐水的涂层应全部铲除。在混凝土墙面与砖墙交界处，内外两侧加钉 200mm 宽、网眼 10～12mm 的钢丝网一道，沿缝居中，用间距 150mm 的射钉钉紧。混凝土柱面清洗干净后，用机械喷 1∶1∶1 的水泥基聚合物砂浆（水泥∶107 胶∶细砂）作为结合层。

2. 抹找平层砂浆

找平层的施工方法与"粘贴饰面砖外墙面防水施工"的找平层做法相同，先进行吊垂直、套方、找规矩、贴灰饼等工序，在此基础上按照先处理不同材料交接处，再抹大面找平层砂浆进行找平。

3. 防水层施工

对于防水要求较高的外墙面，可在验收合格的找平层上作一层防水涂层。一般用塑料或橡皮刮板均匀涂刷一层厚约 0.8mm 的涂料，涂刮时用力要均匀一致。控制防水层的总厚度不超过 1.0mm。涂刷的顺序应先垂直面，后水平面；先阴阳角及细部，后大面，而且每一道涂膜防水的涂刷顺序都应相互垂直；涂层要求平整干净，刷层均匀，光泽一致。对局部出现气泡或气孔和其他缺陷时要加以补强，或铲除后重新涂刷防水层。

4. 批刮腻子

用刮刀在墙面上刮一层外墙腻子，以使墙面涂料涂刷在平整、光滑的基面上，腻子总厚度以 0.8～1.2mm 为宜，分多遍批刮，其遍数可由基层或墙面的平整度来决定，一般情况为三遍。第一遍用胶皮刮板横向满刮，一刮板紧接着一刮板，接头不得留槎，每刮一刮板最后收头时，要注意收得干净利落。干燥后用 1 号砂纸磨，将浮腻子及斑迹磨平磨光，再清扫干净；第二遍用胶皮刮板竖向满刮，所用材料和方法同第一遍，干燥后用 1 号砂纸磨平并清扫干净；第三遍选用胶皮刮板修补局部腻子，用钢片刮板满刮腻子，将基层刮平刮光，干燥后用细砂纸磨平磨光。批刮腻子时应注意，每批应披刮均匀，不得出现漏刮现象，打磨时也应注意不要漏磨或将腻子磨穿。

5. 涂刷外墙乳胶漆

（1）涂刷底涂料

乳胶漆开桶后应充分搅拌均匀，如稠度太大，可根据说明书加稀释剂（乳胶漆一般是加水）来调整施工性能，注意根据要求，尤其是乳胶漆不可加入过量的水，否则水会使干燥后的涂层成膜困难及降低涂层的光泽度、耐久性和遮盖力等性能。底涂料用滚筒刷或排笔刷均匀涂刷一遍，注意不要漏刷，也不要刷得过厚。底涂料干后如有必要可局部复补腻子，干后砂平。

（2）涂刷面涂料

将面涂料按产品说明书要求的比例进行稀释并搅拌均匀。墙面需分色时，先用粉线包或墨斗弹出分色线，涂刷时在交色部位留出 1～2cm 的余地。一人先用滚筒刷蘸涂料均匀涂布，另一人随即用排笔刷展平涂痕和溅沫，应防止透底和流坠。每个涂刷面均应从边缘开始向另一侧涂刷，并应一次完成，以免出现接痕。前遍干透后，再涂后遍涂料。视具体情况，一般需涂刷 2～3 遍。

（五）施工质量检验

外墙涂料墙面防水施工应符合《建筑涂饰工程施工及验收规程》（JGJ/T 29）的要求，

其中合成树脂乳液外墙涂料质量验收时，应满足表 4-7 的要求。

表 4-7 合成树脂乳液外墙涂料

项次	项　目	普通级涂饰工程	中级涂饰工程	高级涂饰工程
1	反锈、掉粉、起皮	不允许	不允许	不允许
2	漏刷、透底	不允许	不允许	不允许
3	泛碱、咬色	不允许	不允许	不允许
4	流坠、疙瘩	—	允许少量	不允许
5	流坠、刷纹	颜色一致	颜色一致	颜色一致,无刷纹
6	光泽	—	较一致	均匀一致
7	开裂	不允许	不允许	不允许
8	针孔、砂眼	—	允许少量	不允许
9	分色线平直(拉 5m 线检查,不足 5m,拉通线检查)	偏差不大于 5mm	偏差不大于 3mm	偏差不大于 1mm
10	五金、玻璃等	洁净	洁净	洁净

（六）成品保护及安全环保措施

1. 成品保护

① 涂刷前应清理好周围环境，防止尘土飞扬，影响涂漆质量。

② 在涂刷涂料时，不得污染地面、踢脚线、窗台、阳台、门窗及玻璃等已完成的分部分项工程，必要时采取遮挡措施。

③ 最后一遍涂料涂刷完后，设专人负责开关门窗，使室内空气流通，以预防漆膜干燥后表面无光或光泽不足。

④ 涂料未干透前，禁止打扫室内地面，严防灰尘等沾污墙面涂料。

⑤ 涂刷完的部位要妥善保护，不得磕碰墙面，不得在完成的部位上乱写乱画而造成污染。

2. 环境安全措施

① 所使用的涂料应符合《室内装饰装修材料内墙涂料中有害物质限量》（GB 18582）的规定。

② 操作前检查脚手架和脚手板是否搭设牢固，高度是否满足操作要求，合格后才能上架操作，凡不符合安全之处应及时修整。

③ 禁止穿硬底鞋、拖鞋、高跟鞋在架子上作业，架子上的人不得集中在一起，工具要求搁置稳定，防止坠落伤人。在两层脚手架上操作时，应尽量避免在同一垂直线上工作，必须佩戴好安全帽。

四、任务 4　聚苯颗粒保温浆料外墙面防水施工

在建筑结构中，外围护结构的热损耗较大，外围护结构中墙体又占了很大份额，所以建筑墙体改革与墙体节能技术的发展是建筑节能技术的一个最重要环节，发展外墙保温技术及节能材料则是建筑节能的主要实现方式。节能保温墙体施工技术主要分为外墙内保温和外墙外保温两大类。目前比较成熟的外墙保温技术主要有以下两种：一是外挂式保温，聚苯乙烯泡沫挤塑式板（简称聚苯板）与墙体一次浇筑成型；二是胶粉聚苯乙烯颗粒（简称聚苯颗粒）保温料浆外墙保温。无论是哪种外墙保温，为了使保温效果长久，均应做好对应的防水措施。其中胶粉聚苯颗粒保温料浆外墙保温构造示意如图 4-19 所示，下面以其为例，介绍其防水施工做法。

（一）作业条件

① 外墙保温墙面部位的主体结构已检查合格，门窗框及需要预埋的管道已安装完毕，并经检查合格。

② 外墙保温墙面抹灰部位脚手架已搭设好，架子要离开墙面 200～250mm，搭好脚手板，防止灰落在地面，造成浪费。保温抹灰的脚手架必须牢固、稳定、可靠。

③ 当气温高于 35℃ 或连续 24h 中的最低气温低于 5℃ 时不宜施工。雨季施工要采取有效的防雨措施，雨天不得施工。夏季施工时避免阳光暴晒，要在脚手架上搭设防晒布。

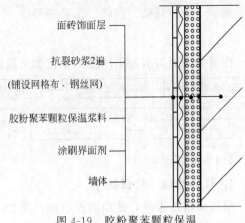

图 4-19　胶粉聚苯颗粒保温料浆外墙保温构造示意

（二）施工准备

1. 技术准备

① 施工人员要认真熟悉图纸，进行图纸会审，了解施工方法，掌握施工程序，做到心中有数；

② 及时编制施工组织设计方案，并办理好审批手续；

③ 组织培训施工人员，能熟练掌握外墙外保温聚苯颗粒聚合物砂浆粉刷层施工工艺；

④ 按专项施工方案，各工序在开工前对操作工人进行技术交底，并做好交底记录。

2. 材料准备

（1）聚苯颗粒保温料浆

聚苯颗粒保温料浆是由聚苯颗粒和保温粉料组成。其中保温粉料一般采用预混干拌技术，在工厂将水泥与高分子材料、引气剂等各种添加剂混匀后包装，使用时将保温粉料按配比加水在搅拌机中搅拌成浆体后再加入聚苯颗粒，充分搅拌后形成塑性良好的膏状体，将其抹于墙体干燥后便形成保温性能优良的隔热层。此种材料施工方便，保温性能良好。

（2）抗裂砂浆、网格布

抗裂砂浆，即在聚合物乳液中掺加多种外加剂和抗裂物质制成的抗裂剂，然后与普通硅酸盐水泥、中砂按一定比例拌和均匀制成的具有一定柔韧性的砂浆。使用时将抗裂砂浆与水按 4∶1 的比例搅拌均匀，静置 10min 再次搅拌即可使用。

网格布是以耐碱玻璃纤维织成的网格布为基布，表面涂敷高分子耐碱涂层制成，可长期有效控制防护层裂缝的产生。

（3）界面剂

界面剂由高分子聚合物乳液与助剂配制成的界面剂与水泥和中砂按一定比例拌和均匀制成的砂浆。

3. 施工机具及工具准备

砂浆搅拌机、磅秤、孔径 5mm 的筛子、窄手推车、铁板、铁锹、平锹、大桶、灰槽、胶皮管、水勺、灰勺、小水桶、喷壶、托灰板、木抹子、铁抹子、阴阳角抹子、塑料抹子、大杠、中杠、2m 靠尺板、托线板、八字尺、5～7mm 厚方口靠尺、软刮尺、方尺、铁质水平尺、盒尺、钢丝刷、长毛刷、鸡腿刷、笤帚、粉线包、小白线、錾子、锤子、钳子、钉子、钢筋卡子、线坠、胶鞋、工具袋等。

（三）施工工艺

保温外墙面防水施工的施工工艺如下面的框图所示。

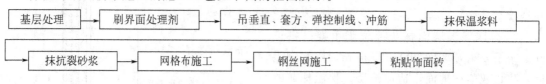

（四）施工方法

1. 基层处理、局部找平

将墙面清理干净，使墙面没有油、浮尘、污垢、脱模、风化物、涂料、霜、泥土等污染物，并对墙表面凸出部分凿平，对蜂窝、麻面、露筋、疏松部分等凿到实处，用 1∶3 水泥砂浆分层补平，把外露钢筋和铅丝头等清除掉。墙面平整度不符合要求时可用 1∶3 水泥砂浆进行填实找平。剪力墙混凝土与砖墙交接处贴钢丝网。

对新建工程的结构墙体，基层应符合《建筑装饰装修工程质量验收规范》（GB 50210）中一般抹灰工程质量的要求。对既有建筑物进行保温改造时，应将原有外墙饰面层彻底清除，露出基层墙体表面，并按上述方法进行处理，使其达到要求后，再进行下道工序的施工。

对于砖墙，应在外墙保温抹灰前一天浇水湿润；对于加气混凝土砌块墙面，因其吸水速度较慢，应提前两天进行浇水，每天宜 2 遍以上。如为粉煤灰砌体墙体，应提前 2 天浇水，每天 2 遍以上，使渗水深度达到 8～10mm。

2. 刷界面处理剂

混凝土墙面在处理以后，用滚筒刷将界面处理剂抹在基层表面，厚度不小于 1mm，涂刷均匀，不得漏涂。在界面处理剂未干燥时随即抹保温砂浆。粉煤灰砌体墙体基层，抹灰前最后一遍浇水应提前 1h，用专用界面处理剂抹 1～2mm，在界面处理剂未干燥时随即抹保温砂浆。若基层为烧结砖类墙面，则可免用界面处理剂。

3. 吊垂直线、抹灰饼

垂直线应从顶层挂通线，以防局部抹灰层偏厚。作灰饼前应清理墙面，洒水湿润，保证灰饼与墙面有足够的粘接力，灰饼材料采用保温隔热砂浆。灰饼厚度按墙体设计的保温层厚度要求做出，灰饼贴后应及时洒水养护 3～5d。

4. 抹保温料浆

水泥基复合保温砂浆的配制按搅拌容器，预先计算好一次可投入的数量。制作时，先将水倒入搅拌机中，搅拌时间自投料完成后计算不少于 4min。保温砂浆稠度应控制在 7～9mm 范围内，且随拌随用，一般控制在 4h 内用完。

保温层总厚度由设计确定，施工时应分遍进行，每遍厚度不宜超过 10mm。涂抹时要抹平压实，分层抹灰时间一般在 24h 以上，待厚度达到冲筋面时，先用大杠刮平，再用铁抹子用力抹平压实。

① 抹第一遍保温砂浆：保温砂浆水灰比宜控制在 0.5～0.7，施工时用力刮一层，使其与墙面粘接牢固，厚度控制在 10mm 以内，达到要求后用 2m 刮尺刮平。底层保温隔热砂浆施工后，1～8h 内应及时用喷雾器喷水养护，养护 5～7d，期间严禁撞击及振动。

② 抹第二遍保温砂浆：经过自然养护，待底层砂浆有一定的强度后，可进行第二道保

温隔热砂浆施工，根据灰饼厚度，严格控制大面平整度和垂直度，做好腰线、门窗、阳台等细部节点的处理。表面压实抹光。第二道保温砂浆抹完以后，其养护同第一遍保温砂浆。

5. 分格缝及滴水槽施工

根据设计要求弹出分格条，分格条采用厚度不大于抹面厚度的塑料或其他材料制成，将分格条粘贴在保温层表面。对于凸出墙面的构件则应做好滴水槽。

6. 防渗抗裂砂浆施工

防裂砂浆面层抹灰必须在最后一遍保温层充分凝固后进行，一般在 7d 后或用手按不动的情况下进行。用铁抹子将防裂砂浆粉刷在保温层上，厚度应控制在 3～5mm，先用大杠刮平，再用塑料抹子抹平。防裂砂浆施工时，同时在沿口、窗台、窗楣、雨篷、阳台、压顶以及凸出墙面的顶面做出坡度，下面应做出滴水槽或滴水线，并做好防水处理。在防裂砂浆层固化后，并按要求分格，按常规进行施工，并在面层抹灰 24h 后，即可洒水养护，天气炎热时更要加强养护或遮盖养护，防止面层干裂、空鼓。一周后进行全面检查，局部空鼓、裂缝处用切割机割缝后，用同类砂浆修补并养护。

7. 网格布施工

防裂砂浆施工时，应随即将事先按分割缝间距裁剪好的网格布沿分割缝用铁抹子将其压入防裂砂浆中。网格布应自上而下沿外墙分格铺设，拉直绷平，并将弯曲的一面朝里，用抹子由中间向上、下两边将网格抹平，使其紧贴底层抗裂砂浆。网格布平面部分、阴阳角处的搭接不小于100mm，砂浆饱满度应达到 100％，同时应抹平、找直，保持阴阳角的方正和垂直度。在窗口处事先增贴一道 300mm×300mm 的网格布（加强用的耐冲击网格布则对接即可，不宜搭接）。

8. 钢丝网施工

从顶层开始沿墙面阳角处，在固化后的保温层上铺设钢丝网，固定时应由二人配合，其中一人按住钢丝网，另一人用与膨胀钉直径相同的冲击钻头钻成梅花形，从钢丝网中钻孔并安装膨胀钉。膨胀钉锲入基层的深度不小于 25mm，当每平方米锚固点少于 4 个时，钢丝网固定后，若有凸出的部位，则用钢丝做成 V 形卡子压入，钢丝网平面之间的搭接不应小于100mm，阴阳角处搭接不小于 50mm。固定阴阳角钢丝网之前，应先将钢丝网弯成 90°直角，钢丝网固定后，用防裂砂浆刮糙 3～4mm，刮糙时用铁抹子将钢丝网叠出，使钢丝网处于砂浆中间，固化后再抹第二遍抗裂砂浆 3～4mm，用大杠刮平后，用木抹搓平并拉毛，待防裂固化后粘贴饰面砖或进行聚合物水泥砂浆粘接面层施工。

9. 粘贴饰面砖

饰面砖粘贴前应保证粘贴面清洁、干燥，不得带有脱模剂等杂物，饰面砖应留缝粘贴，面砖之间留缝宽度为 3～5mm。待面砖强度达到设计要求（通常 7d，视气温情况）后，用勾缝剂进行勾缝处理。

（五）施工质量检验

1. 主控项目

所用材料品种、质量、性能符合设计与现行国家标准的要求；保温层与墙体以及各构造层之间必须粘接牢固，无脱层、空鼓、裂缝，面层无粉化、起层、爆灰等现象；保温层厚度不允许有负偏差。

2. 一般项目

表面平整、洁净接槎平整、线角顺直、清晰；护角符合施工规定，孔洞、槽、盒位置和尺寸正确，管道后面平整；网格布的铺设方法正确，细部处理符合技术规程的要求。允许偏差项目及检验方法按《建筑装饰装修工程质量验收规范》的"一般抹灰工程"执行。

（六）施工质量问题及防治措施

外墙外保温工程中，开裂渗漏问题是施工过程中的重点防护对象。针对该问题，施工过程中应采取以下措施。

① 在保温层施工前，外门窗洞口先通过验收，洞口尺寸、位置符合设计和质量要求，门窗框及各种进户管线必须安装完毕。

② 底层窗台、阳台、雨篷等凸出墙面的构件，在第一遍抹灰时，顶面形成泛水坡，下口做出滴水线，避免出现泛水污染墙面留下渗漏现象。

③ 外保温层施工完毕后，在墙体表面达到一定强度时，避免雨水冲刷或撞击，对容易碰撞的阳角、门窗采取保护措施。

④ 防裂砂浆层终凝后必须浇水养护，养护时间不少于7d。

小　结

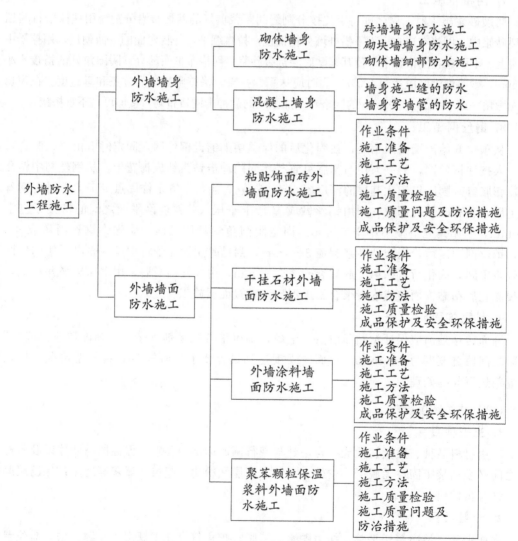

自测练习

一、判断题

1. 普通砖在砌筑前应保持干燥，不得浇水湿润。 （　　）
2. 外窗台表面抹 1∶3 水泥砂浆，并应做成不小于 5% 的坡度，以利排水。 （　　）
3. 在墙上留置临时性的施工洞口，其侧边离交接处墙面不应小于 300mm，洞口净宽度不应超过 1m。
 （　　）
4. 天然石材按规格尺寸允许偏差、平面度允许极限公差、角度允许极限公差及外观质量，可分为优等品（A）、一等品（B）、二等品（C）三个等级。 （　　）
5. 外窗台挑出尺寸大多为 60mm，其抹灰应在砌筑之后立刻进行。 （　　）
6. 内窗台一般可采用水泥砂浆窗台，即在窗台表面抹 20mm 厚的水泥砂浆，并挑出 50mm。 （　　）
7. 混凝土的施工缝，在浇筑混凝土前，应除去施工缝表面的水泥薄膜、松动的石子和软弱的混凝土层，并用水冲洗干净，充分湿润，允许有少量积水。 （　　）
8. 外墙聚合物水泥砂浆防水层应根据气候情况进行养护，一般温度在 20℃ 左右，每天可淋水 2～3 次，养护时间不应少于 3 天。 （　　）
9. 涂料外墙饰面时，刮腻子的遍数可由基层或墙面的平整度来决定，一般情况下为三遍。 （　　）
10. 石材干挂饰面时，其最后的填缝工作，直接在缝隙处用嵌缝枪把中性硅胶打入缝内。 （　　）

二、单项选择题

1. 对于各种施工孔洞的修补应采取特殊措施，各种不同的施工孔洞其修补方法亦有所不同，但其共同之处就是在砌筑封堵孔洞时，要____。
　A. 处理好新旧砖面之间的结合　　　　　B. 用水泥砂浆封闭
　C. 用沥青麻丝堵住　　　　　　　　　　D. 要放置钢筋在里面
2. 粘贴饰面砖外墙面防水施工时，抹防水砂浆层用分格条分格的目的是为了____。
　A. 外墙美观　　　　B. 防止墙面产生裂缝　　　C. 施工方便　　　　D. 墙面找平
3. 穿越外墙防水层的管道应采取____的方法。
　A. 直接埋入现浇混凝土墙身　　　　　　B. 用防水卷材包裹管道
　C. 管道外面涂刷防水涂膜　　　　　　　D. 预埋套管盒
4. 下面____项不是粘贴面砖时常见的质量通病。
　A. 空鼓、脱落　　　B. 墙面不平　　　　C. 分格缝不匀、不直　　D. 墙面开裂
5. 天然石材采用干挂施工时，应首先用____对石材的颜色进行挑选分类。
　A. 物理检验法　　　B. 化学检验法　　　C. 比色法　　　　　　　D. 分色法
6. 干挂石材外墙面施工时，在石材背面刷不饱和树脂，主要目的是____。
　A. 上色　　　　　　B. 防腐　　　　　　C. 增强粘接　　　　　　D. 防裂
7. 水泥基复合保温砂浆制作时搅拌时间自投料完成计算不少于 4min，且随拌随用，一般控制在____h内用完。
　A. 4　　　　　　　　B. 6　　　　　　　C. 8　　　　　　　　　D. 10
8. 外墙涂料墙面防水施工时，其作业条件应满足湿作业已完毕并有一定强度，作业面要通风良好，环境要干燥，一般施工时温度应在____之间，相对湿度不宜大于____。
　A. 5～35℃，60%　　B. 0～40℃，50%　　C. 5～35℃，50%　　D. 0～40℃，60%
9. 保温外墙施工时，下列基层处理____项不正确。
　A. 为烧结砖类，在处理后的墙面上，可免用界面处理剂
　B. 混凝土墙面在处理以后，用滚筒刷将界面处理剂抹在基层表面，不得漏涂，厚度不小于 1mm，在界面处理剂未干燥时随即抹保温砂浆
　C. 粉煤灰砌体墙体基层，抹灰前最后一遍浇水应提前 1h，用专用界面处理剂抹 1～2mm，在界面处理

剂未干燥时随即抹保温砂浆

　　D. 无论何种基层均应涂刷界面处理剂

　　10. 防裂砂浆施工时，同时在沿口、窗台、窗楣、雨篷、阳台、压顶以及凸出墙面的顶面做出坡度，下面应____，并做好防水处理。

　　A. 挑砖 60mm
　　B. 做分格缝
　　C. 做出滴水槽或滴水线
　　D. 留出 15mm 宽凹槽

三、多项选择题（每题至少有两个正确答案）

　　1. 下列关于砖砌体墙身防水施工时，砌体材料及操作要求合适的有____。

　　A. 砖在砌筑前 1～2d 需进行湿润
　　B. 所用石灰熟化时间不少于 3d
　　C. 水平灰缝厚度宜 10mm
　　D. 水平灰缝砂浆饱满度不小于 70%

　　2. 砌体墙细部防水施工时，下列做法不妥的有____。

　　A. 在墙上留置的临时施工孔洞，侧边距转角处 300mm

　　B. 脚手眼填补用 1∶2 水泥砂浆从外侧进行修补。内侧用干砖填塞

　　C. 穿墙管道处嵌填时，外墙外侧预留宽度为 20mm，深度为宽度的 0.5～0.7 倍的凹槽

　　D. 施工时需留临时孔洞宽度超过 300mm 的应设过梁

　　3. 外墙变形缝必须考虑防水设防，做好防水处理，以确保雨、雪不会从缝中渗入。变形缝进行防水处理时，可采用____进行多道设防。

　　A. 高分子防水卷材
　　B. 不锈钢板（或镀锌铁皮）
　　C. 防水混凝土
　　D. 涂膜

　　4. 外墙面砖施工时产生空鼓、脱落的原因主要有____。

　　A. 基层处理或施工不当
　　B. 砂浆配合比不准，稠度控制不好
　　C. 在同一施工面上采用几种不同的配合比砂浆
　　D. 水泥强度过高

　　5. 粘贴饰面砖外墙面防水施工____。

　　A. 墙面防水层采用的聚合物水泥砂浆搅拌时间 3min

　　B. 混凝土墙面基层越光滑越利于粘贴

　　C. 聚合物水泥砂浆防水层养护时间不少于 3d

　　D. 面砖粘贴前应充分吸水并晾干

学习情境 5　地下防水工程施工

知识目标

- 了解地下工程防水等级和设防要求，了解地下防水工程施工方案的编制内容。
- 理解地下工程卷材、涂膜、刚性防水的防水构造和常见节点构造处理要求。
- 熟悉地下工程常见卷材、涂膜、刚性防水施工的工艺和施工方法。
- 认知地下工程卷材、涂膜、刚性防水常见施工质量问题及防治方法，熟悉质量检验标准。

能力目标

- 能根据相关规范和设计文件，落实地下防水工程施工方案和技术措施。
- 会根据实际工程量，确定地下防水工程材料及配料用量。
- 会根据地下防水工程施工需要，配备施工工具，做好安全防护。
- 能按照地下防水施工工艺，规范地从事防水工程施工及管理。
- 能按照现行地下防水施工质量验收规范，检验地下防水工程施工质量。

地下工程的特点是受地下水的影响，如果没有防水措施或防水措施不当，不但影响正常使用，而且地下水渗入其结构内部，导致混凝土腐蚀、钢筋生锈、地基下沉，甚至淹没下部建筑物，直接危及建筑物安全。为了确保地下防水工程符合使用要求，现行《地下工程防水技术规范》(GB 50108)，明确规定了地下防水工程的等级和每一等级的设防要求，各级地下工程防水等级对应的标准见表 5-1。

表 5-1　地下工程防水等级标准

防水等级	标　　准
一级	不允许渗水，结构表面无湿渍
二级	不允许漏水，结构表面可有少量湿渍 工业与民用建筑，总湿渍面积不应大于总防水面积(包括顶板、墙面、地面)的 1/1000；任意 100m² 防水面积上的湿渍不超过 2 处，单个湿渍的最大面积不大于 0.1m² 其他地下工程：总湿渍面积不应大于总防水面积的 2/1000，任意 100m² 防水面积上的湿渍不超过 3 处，单个湿渍的最大面积不大于 0.2m²
三级	有少量漏水点，不得有线流和漏泥沙 任意 100m² 防水面积上的漏水点数不超过 7 处，单漏水点的最大漏水量不大于 2.5L/d，单个湿渍的最大面积不大于 0.3m²
四级	有漏水点，不得有线流和漏泥沙 整个工程平均漏水量不大于 2L/(m²·d)；任意 100m² 防水面积的平均漏水量不大于 4L/(m²·d)

地下工程的防水方法主要采用下列几种：一是采用柔性防水方案，即在地下结构表面铺设柔性防水材料（如铺设防水卷材、涂刷防水涂料等）；二是采用刚性防水方案，即通过调整混凝土的配合比或掺外加剂等措施来提高混凝土本身的密实性和抗渗性，使整体式混凝土或钢筋混凝土地下结构本身具有需要的防水性能；三是采用构造排水方案，即防水和排水相

结合，排水方案通常可用盲沟排水、渗排水与内排水等方法把地下水排走，以达到排水的目的。

为了加强地下防水工程施工质量管理，统一地下防水工程质量验收，国家制定了《地下防水工程质量验收规范》（GB 50208）。它是地下防水工程验收的依据，不符合该规范规定标准的工程是不能验收的。

子情境1　地下工程卷材防水施工

一、相关知识

（一）材料及应用范围

地下工程卷材防水层是采用高聚物改性沥青防水卷材或合成高分子防水卷材与其配套的胶黏材料（沥青或高分子胶黏剂）粘接而成的一种单层或多层防水层。用卷材作地下工程防水层，因其长期处在地下水的浸泡中，所以不得采用极易腐烂变质的纸胎类沥青防水油毡。

卷材防水层适用于受侵蚀性介质作用或受振动作用的地下工程防水结构，适用于防水等级为Ⅰ、Ⅱ、Ⅲ级的明挖法地下工程。

卷材防水层的应用要考虑下列情况：

① 卷材防水层适合于承受的压力不超过 0.5MPa，当有其他荷载作用超过上述数值或有剪切力存在时，应采取结构措施；

② 卷材防水层经常保持不小于 0.01MPa 的侧压力下，才能较好发挥防水功能；

③ 改性沥青防水卷材耐酸、耐碱、耐盐的侵蚀，但不耐油脂及可溶解沥青的侵蚀，故不能使油脂和溶剂接触沥青防水卷材；

④ 防水卷材的品种和层数，应根据地下工程的防水等级、地下水位高低及水压作用状况、结构构造型式和施工工艺等因素确定；

⑤ 卷材防水层的卷材品种可按表 5-2 选用。卷材外观质量、品种规格应符合国家现行有关标准的规定；卷材及其胶黏剂应具有良好的耐水性、耐久性、耐穿刺性、耐腐蚀性和耐菌性；

表 5-2　卷材防水层的卷材品种

类别	品种名称
高聚物改性沥青防水卷材	弹性体改性沥青防水卷材
	改性沥青聚乙烯胎防水卷材
	自粘聚合物改性沥青防水卷材
合成高分子防水卷材	三元乙丙橡胶防水卷材
	聚氯乙烯防水卷材
	聚乙烯丙纶复合防水卷材
	高分子自粘胶膜防水卷材

⑥ 卷材防水层的厚度应符合表 5-3 的规定。

表 5-3 不同品种卷材的厚度

卷材品种	高聚物改性沥青类防水卷材			合成高分子类防水卷材			
	弹性体改性沥青防水卷材、改性沥青聚乙烯胎防水卷材	自粘聚合物改性沥青防水卷材		三元乙丙橡胶防水卷材	聚氯乙烯防水卷材	聚乙烯丙纶复合防水卷材	高分子自粘胶膜防水卷材
		聚酯粘胎体	无胎体				
单层厚度/mm	≥4	≥3	≥1.5	≥1.5	≥1.5	卷材:≥0.9 粘接料:≥1.3 芯材厚度:≥0.6	≥1.2
双层总厚度/mm	≥(4+3)	≥(3+3)	≥(1.5+1.5)	≥(1.2+1.2)	≥(1.2+1.2)	卷材:≥(0.7+0.7) 粘接料:≥(1.3+1.3) 芯材厚度:≥0.5	—

注:1. 带有聚酯毡胎体的自粘聚合物改性沥青防水卷材应执行国家现行标准《自粘聚合物改性沥青聚酯胎防水卷材》(JC 898);

2. 无胎体的自粘聚合物改性沥青防水卷材应执行国家现行标准《自粘橡胶沥青防水卷材》(JC 840)。

(二) 地下工程卷材防水的一般做法

地下防水工程一般把卷材防水层设置在地下结构外墙的外侧,称为外防水。因外防水的防水层在迎水面,受压力水的作用而紧贴在混凝土结构上,防水效果良好。

图 5-1 为设计地下水位与室外地坪高差小于或等于 2m 时,地下室卷材外防水的构造做法。其要点是:

① 地下室底板卷材防水层介于垫层的找平层和地下室底板之间;

② 外墙卷材防水层设置于墙身的外侧;

③ 底板卷材防水层与墙身卷材防水层应连续搭接封闭;

④ 在防水层外侧设保护墙一道;

⑤ 靠近保护墙 500mm 宽的范围内用 2:8 灰土等弱透水性回填土分层夯实填充。

当设计地下水位与室外地坪高度差大于 2m 时,地下室基础及防水的构造层次与上述高

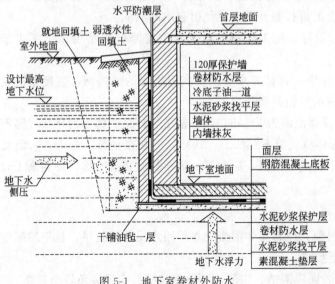

图 5-1 地下室卷材外防水
构造(高差≤2m)

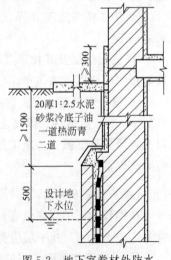

图 5-2 地下室卷材外防水
构造(高差>2m)

差≤2m 时相同，但保护墙及卷材防水层仅可做到高于设计地下水位以上 500mm 处，该处以上部位则按防潮要求处理即可，详见图 5-2。

地下工程卷材外防水的铺贴按其保护墙施工先后顺序及卷材设置方法可分为"外防外贴法"和"外防内贴法"。外防外贴法是在结构外墙施工完成后，直接把防水层贴在防水结构的外墙外表面，最后作保护墙（层）的一种卷材防水层的设置方法。外防内贴法则是在结构外墙施工前，先砌保护墙，然后将卷材防水层贴在保护墙上，最后浇筑外墙混凝土的一种卷材防水层的设置方法。这两种设置方法各有其优缺点，其特点参见表 5-4，施工时可根据实际情况选用。

表 5-4 外防外贴法和外防内贴法特点比较

名　称	优　点	缺　点
外防外贴法	①受结构沉降变形影响小 ②由于是后贴立面防水层，故在浇筑混凝土结构时不会损坏防水层，只需要注意底板与留槎部位防水层的保护即可 ③便于检查混凝土结构及卷材防水层的质量，且容易修补	①工序多、工期长，需要一定的工作面 ②土方量大，模板需用量亦较大 ③卷材接头不易保护好，施工烦琐，影响防水层质量
外防内贴法	①工序简便，工期短 ②节省施工占地，土方量较小 ③节约外墙外侧模板 ④卷材防水层无需临时固定留槎，可连续铺贴，质量容易保证	①受结构沉降变形影响，容易断裂，产生漏水现象 ②卷材防水层及混凝土结构抗渗质量不易检验，如产生渗漏修补较困难

（三）卷材防水层作业条件

① 地下工程防水卷材的施工必须在基层验收合格后方可进行。卷材防水层是依靠其基层的刚度并由单层或多层卷材铺贴而形成的，故铺贴卷材的基层必须坚固，其形式要简单，被粘贴卷材的基层表面要平整、清洁、干燥。

② 卷材防水层铺贴前，所有穿过防水层的管道、预埋件均应施工完毕，并做好防水处理。防水层铺贴后，严禁在防水层上面再打眼开洞，以免引起水的渗漏。

③ 为了便于施工并保证其施工质量，施工期间的地下水位应降低到垫层以下不少于 300mm 处。

④ 底板垫层及其找平层已施工完毕。卷材防水层铺在底板垫层的上表面，以便形成结构底板、侧墙以及墙体顶端以上外围的外包封闭防水层。

⑤ 铺设卷材防水层正常的施工温度范围为 5～35℃，冷粘、自粘法施工的环境气温不宜低于 5℃，热熔法、焊接法施工的环境气温不宜低于 -10℃，严禁在雨天、雪天、五级及以上大风条件下施工，施工过程中下雨或下雪时，应做好已铺卷材的防护工作。冬期施工时应采取保温措施。

（四）找平层施工

在铺设地下工程底板卷材防水层前，应将整体混凝土垫层用水泥砂浆找平。找平层厚度宜为 20～25mm。找平层应符合以下要求。

① 平整度与屋面工程的相同，表面应清洁、牢固，不得有疏松、尖锐棱角等凸起物。

② 找平层的阴阳角部位均应做成圆弧或 45°坡角，圆弧半径参照屋面工程的规定，合成

高分子防水卷材的圆弧半径应不小于 20mm；高聚物改性沥青防水卷材的圆弧半径应不小于 50mm。

③ 铺贴卷材时，找平层应基本干燥。为使胶黏剂有足够的时间进行固化，在铺抹找平层时，可在水泥砂浆中加入适量的微膨胀剂，并宜分两次铺抹，以有效隔绝地下水的渗透。

（五）卷材防水层铺贴的一般规定
① 防水卷材的搭接宽度应符合表 5-5 的要求。

表 5-5　防水卷材的搭接宽度

卷材品种	搭接宽度/mm
弹性体改性沥青防水卷材	100
改性沥青聚乙烯胎防水卷材	100
自粘聚合物改性沥青防水卷材	80
三元乙丙橡胶防水卷材	100/60（胶黏剂/胶结带）
聚氯乙烯防水卷材	60/80（单面焊/双面焊）
	100（胶结剂）
聚乙烯丙纶复合防水卷材	100（粘接料）
高分子自粘胶膜防水卷材	70/80（自粘胶/胶结带）

② 防水卷材施工前，应在基面上涂刷基层处理剂；当基面潮湿时，应涂刷湿固化形胶黏剂或潮湿介面隔离剂。基层处理剂应与卷材及其粘接材料的材性相融；基层处理剂的喷涂或刷涂应均匀一致，不应露底，表面干燥后方可铺贴卷材。

③ 铺贴各类防水卷材应符合下列规定。

a. 结构底板垫层混凝土部位的卷材可采用空铺法或点粘法施工，其粘接位置点粘面积按设计要求确定；侧墙采用外防外贴法的卷材及顶板部位的卷材应采用满粘法施工。卷材与基层、卷材与卷材间必须粘贴紧密、牢固；铺贴完成的卷材应平整、顺直，搭接尺寸应准确，不得产生扭曲和皱折。

b. 卷材搭接处和接头部位应粘贴牢固，接缝口应封严或采用材性相容的密封材料封缝。

c. 粘贴立面防水卷材时，应采取防止卷材下滑的措施。

d. 铺贴双层卷材时，上下两层和相邻两幅卷材的接缝应错开 1/3～1/2 幅宽，且两层卷材不得相互垂直铺贴。

④ 卷材在转角处或特殊部位，应增贴 1～2 层相同卷材或拉伸长度较高的卷材附加层，宽度不应小于 500mm。

（六）卷材保护层
地下工程卷材防水层经检查后，应及时做保护层，保护层应符合下列规定。
（1）顶板卷材防水层上的细石混凝土保护层，应符合下列规定。
① 采用人工回填土时，保护层厚度不宜小于 70mm。
② 采用机械碾压回填土时，保护层厚度不宜小于 50mm。
③ 防水层与保护层之间宜设置隔离层。
（2）底板卷材防水层上的细石混凝土保护层厚度不宜小于 50mm。
（3）侧墙卷材防水层宜采用软质保护材料或铺 20 厚 1:2.5 水泥砂浆层。

二、任务 1 外防外贴法施工地下卷材防水工程

如前所述，外防外贴法是先进行主体结构墙体施工，然后将立面卷材防水层直接铺贴在主体结构的外墙表面，此法适用于在主体结构墙外有供铺贴卷材的操作空间。其施工做法如图 5-3 所示。

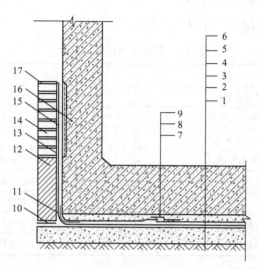

图 5-3　外防外贴法施工卷材防水层

1—素土夯实；2—素混凝土垫层；3—水泥砂浆找平层；4—卷材防水层；5—细石混凝土保护层；
6—结构底板；7—卷材搭接缝；8—嵌缝密封膏；9—120mm 宽的卷材盖缝条；
10—油毡隔离层；11—附加层；12—永久保护墙；13—大面卷材；14—临
时保护墙；15—虚铺卷材；16—砂浆保护层；17—临时固定

（一）施工准备

1. 技术准备

① 组织学习、讨论该地下防水工程施工方案，对参加施工的人员进行技术交底，包括进行工艺技术的介绍，进行施工管理、施工技术、成品保护、安全交底，明确每个施工人员的岗位责任。

② 确定质量检验程序、检验内容、检验方法。

③ 布置做好施工记录：包括工程基本状况、施工状况记录、工程检查与验收所需资料等。

2. 材料准备

（1）卷材

地下工程卷材防水层可采用高聚物改性沥青防水卷材或合成高分子防水卷材。品种按表5-2 选用。厚度符合表 5-3 的要求。

（2）基层处理剂

基层处理剂应与相应卷材性能相容，一般改性沥青防水卷材，基层处理剂采用溶剂型改性沥青防水涂料或橡胶改性沥青胶黏材料；高分子卷材应采用与其配套的基层处理剂，其用量按 $0.15\sim0.2\text{kg/m}^2$ 准备。基层处理剂涂刷 4h 以上才能进行下道工序的施工。

（3）表面保护材料

根据所选用的保护层材料方案准备。

（4）嵌缝油膏

防水层在变形缝、穿墙管、卷材接缝处等部位要用密封膏嵌缝。

3. 机具准备

铺贴高聚物改性沥青卷材可采用热熔法施工；铺贴合成高分子卷材一般采用冷粘法施工。不同的施工方法所采用的施工机具及工具有所区别，常见的施工机具、工具见表 5-6。

表 5-6　地下室卷材防水层施工常用的施工机具、工具

项目	名　　称	用　　途
一般工具	小平铲、扫帚、钢丝刷、高压吹风机（300W）	清理基层
	铁抹子	修补基层及末端收头
	皮卷尺（50m）、钢卷尺（2m）、小线（50m）	测量、测量弹线
	彩色粉、粉笔	弹线、划线用
	剪刀	剪裁卷材
	长柄辊刷（如 ϕ60mm×300mm）或喷涂机（手动或电动）	涂刷基层处理剂及胶黏剂
	胶皮板刷	涂刷基层处理剂
	长柄胶皮刮板	涂刷胶黏剂
	安全带、棉纱、工具箱	擦拭工具用
冷粘法	开罐刀	开胶黏剂桶
	铁桶（10L）、小油漆桶（3L）	胶黏剂容器
	油漆刷	涂刷接缝胶黏剂等
	钢管（ϕ30mm×1500mm）	展铺卷材
	射钉枪（小型）	固定压板、压条用
	手持压辊	滚压接缝、立面卷材
	扁平辊	滚压阴阳角卷材
	大型压辊（30～40kg）	滚压大面卷材
热熔法（除冷粘法工具外）	石油液化气火焰喷枪	热熔卷材
	液化气罐	液化气容器
	汽油喷灯（3L）	附加增强层用
	烫板（带柄）	挡隔火焰
	隔热板（1400mm×400mm×10mm 木板）	加热卷材末端时用

（二）施工工艺

现在结合图 5-3 来讨论外防外贴法施工地下卷材防水工程的施工工艺。

第一步　在底板垫层上砌永久性保护矮墙。砌墙前，事先在砌墙部位平铺一层卷材条，保护墙厚一般为 120mm，墙高度取底板厚度（B），为使墙面防水卷材做好接槎，再在永久保护墙上用石灰砂浆砌临时保护墙，临时保护墙高度不小于 200mm。

第二步　做找平层。在垫层和下部永久保护墙部位抹 1∶3 水泥砂浆找平层，厚度为 20～25mm。转角处抹成圆弧形，在上部临时保护墙部位抹石灰砂浆找平层，并刷石灰浆。

第三步　满涂基层处理剂一道。找平层干燥后，一般用长柄辊刷将其涂刷在找平层表面，要求涂刷均匀，厚薄一致，不漏刷或露底，经 8h 以上干燥后，再进行下道工序施工，但临时性保护墙上不涂。

第四步 粘贴特殊部位的附加卷材层。对各转角处（包括底板与永久保护墙间的转角处）、穿墙管、变形缝等特殊部位按照设计要求，铺贴卷材附加层。其范围延伸至水平面和立面各 250mm。

第五步 进行大面积卷材铺贴。卷材铺贴方法同屋面卷材铺贴，铺贴顺序为先底面、后立面，从底面折向立面的卷材与永久性保护墙的接触部位，应采用空铺法施工，在转角处的底面卷材要预留足够长度，甩槎折向立面与保护墙的接触部位，永久性保护墙上卷材甩槎接槎做法如图 5-4 所示。卷材铺贴完毕后，对卷材长边和短边的搭接缝用建筑密封材料进行嵌缝处理，然后再用密封条做进一步封口密封处理，封口条的宽度为 120mm，如图 5-5 所示。

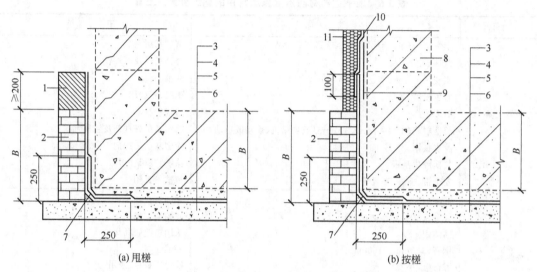

(a) 甩槎　　　　　　　　　　(b) 按槎

图 5-4　卷材防水层甩槎、接槎构造

1—临时保护墙；2—永久保护墙；3—细石混凝土保护层；4—卷材防水层；
5—水泥砂浆找平层；6—混凝土垫层；7—卷材加强层；8—结构墙体；
9—卷材加强层；10—卷材防水层；11—卷材保护层

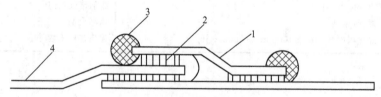

图 5-5　卷材搭接缝用封口条密封处理

1—封口条；2—卷材胶黏剂；3—密封材料；4—卷材防水层

第六步 做卷材保护层。在已经铺贴好牢固防水层的底板和永久保护墙部位做保护层，一般先干铺一层卷材，再在底板上做厚度不小于 50mm 的细石混凝土保护层，永久保护墙部位铺抹 20mm 厚的 1:3 水泥砂浆。但临时保护墙部位临时固定的卷材防水层亦用卷材垫底及盖面做甩头保护，上端用石灰砂浆砌砖压住甩头卷材，如图 5-6 所示。

第七步 施工地下结构底板和墙体，保护墙可作为结构墙外侧的模板，浇筑完毕后，养护结构底板和墙体混凝土。

第八步 补抹立面水泥砂浆找平层。待结构施工完毕后，先拆除临时保护墙，再将此段对应的结构墙外表面补抹水泥砂浆找平层。

第九步　铺贴永久性保护墙以上的立面卷材。结构墙表面找平层干燥后，将从临时保护墙上接槎部位的各层卷材揭开，并应将其表面清理干净，如卷材有局部损伤，应及时进行修补；卷材接槎的搭接长度，高聚物改性沥青类卷材为 150mm，合成高分子卷材应为 100mm。当使用两层卷材时，卷材应错槎接缝，上层应盖过下层。向上铺贴至结构墙上，完成结构墙外表面卷材的铺贴。接槎处采用密封材料加贴盖缝条。

第十步　做永久性保护墙以上的立面卷材防水层的保护层。待结构墙外表面防水卷材施工完毕后，立即进行渗漏检验，检验合格后及时做好卷材防水层的保护层，通常有下列几种做法。

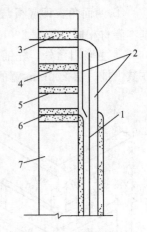

图 5-6　用石灰砂浆砌砖压住甩头卷材
1—防水卷材；2—卷材保护层；3,6—石灰砂浆；4,5—临时保护墙砖；7—永久性保护墙

【方法 1】　将原永久保护墙继续向上砌高，并每隔 5～6m 及在转角处断开，缝宽 20mm，缝内用油毡条或沥青麻丝填塞；保护墙与卷材防水层间的缝隙，边砌边用 1∶2.5 水泥砂浆填实。

【方法 2】　在涂抹卷材防水层最后一道胶黏材料时，撒上干净的热砂或散麻丝，冷却后抹一层厚 20mm 的 1∶2.5 水泥砂浆。

【方法 3】　在卷材防水层外侧用氯丁烯乳液贴 5～6mm 厚聚乙烯泡沫塑料板，或用聚醋酸乙烯乳液粘贴 40mm 的聚苯泡沫塑料板。

第十一步　回填土。保护层施工完毕后，随即回填土。

（三）施工方法

1. 卷材施工方法选择

采用热熔法或冷粘法铺贴卷材应符合下列规定。

① 底层卷材铺贴时，平面部位的卷材以及从平面折向立面的卷材在与保护墙交接部位宜采用空铺法或点粘法，立面卷材以上部位应用胶黏材料与永久性保护墙采用满粘法紧密贴严；

② 采用热熔法施工高聚物改性沥青卷材时，卷材最小厚度为 3mm，幅宽内卷材底表面加热应均匀，不得过分加热或烧穿卷材；采用冷粘法施工合成高分子卷材时，必须采用与卷材相容的胶黏剂，并应涂刷均匀；

③ 铺贴时应展平压实，卷材与基层及各卷材间必须粘接紧密；

④ 铺贴立面卷材防水层时，应采取防止下滑的措施；

⑤ 卷材接缝必须粘接封严，接缝口应用材性相容的密封材料封严，宽度不应小于 10mm；

⑥ 在立面与平面的转角处，卷材的接缝应留在平面上，距立面不应小于 600mm。

热熔法或冷粘法铺贴卷材的具体操作工艺和施工要领与屋面卷材防水层采用热熔法或冷粘法铺贴相同。

2. 特殊部位施工

（1）转角部位

阴角、阳角、三面角等平立面的交角处，防水卷材铺贴较困难，可按下列方法做加强处理。

① 两面角：即底板与墙面，墙面与墙面的交角处。先铺贴1~2层卷材附加层，材质与基本卷材相同，宽度200mm。

a. 主墙阳角处，先铺一条宽200mm的卷材条作附加层，待各层基本卷材铺贴完后，再在其上铺一层200mm宽的卷材附加层，如图5-7(a)所示。

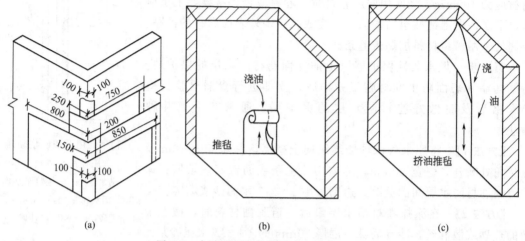

图 5-7　主墙两面角粘贴示意　单位：mm

b. 主墙阴角处，先将卷材对折，然后自下而上粘贴左边部分卷材，左边贴好后，用刷油法粘贴右边卷材，如图5-7(b)、(c)所示。

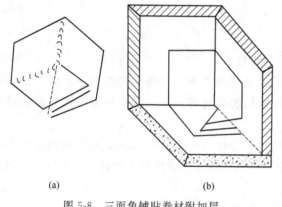

图 5-8　三面角铺贴卷材附加层

② 三面角：即底板与墙角的交角处。

a. 先铺贴卷材附加层，材质与基本卷材相同，尺寸为300mm×300mm，折成图5-8所示的形状，折叠层之间满涂胶黏剂（附加两层卷材时，应先贴第一层附加卷材，待基本防水层卷材作完后再贴第二层附加层）。

b. 铺贴基本卷材。附加层铺好后，即可在大面铺贴第一层卷材。卷材的压边距转角处一侧为1/3幅宽，另一侧为2/3幅宽；第一层粘好后，再贴第二层卷材，第二层卷材与第一层卷材长边错开1/3幅宽，接头错开300~500mm。在立面与底面的转角处，卷材的接缝应留在底面上，距墙根不小于600mm，如图5-9所示。

③ 角部防水层的保护　有如下两种方法：一种是在转角部位设置聚乙烯圆棒，附加层空铺，如图5-10所示；另一种方法是在转角部位设置聚苯乙烯泡沫塑料板条（简称聚苯板），如图5-11所示。

（2）穿墙管部位

① 穿墙管采用直埋式　如图5-12和图5-13所示，将穿墙管主管直接埋入混凝土内，在主管与墙接触部位焊上止水环或套上遇水膨胀止水圈，在迎水面预留凹槽，槽内用嵌缝密封材料嵌填密实，此法适于结构变形或管道伸缩量较小时。

② 带有套管的穿墙管道　图5-14所示是一种在穿墙管处埋设带有翼环的套管的做法。

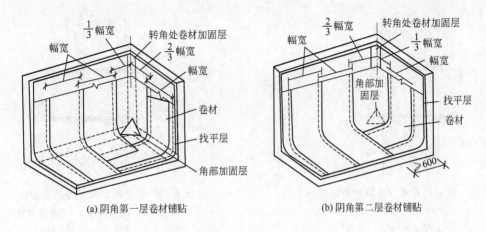

(a) 阴角第一层卷材铺贴　　　　　(b) 阴角第二层卷材铺贴

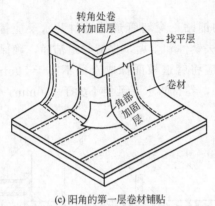

(c) 阳角的第一层卷材铺贴

图 5-9　三面角卷材铺贴示意

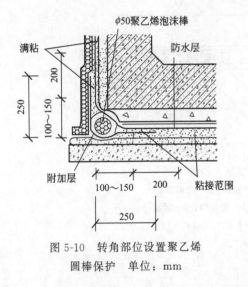

图 5-10　转角部位设置聚乙烯
圆棒保护　单位：mm

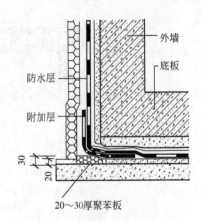

图 5-11　转角部位设置聚苯乙
烯泡沫塑料板条保护　单位：mm

套管上加焊止水环，止水环应与套管满焊严密，在套管内壁刷防锈漆一道。套管与止水环必须一次浇固于混凝土结构内，且与套管相接的混凝土必须浇捣密实。施工时先将穿墙管穿入套管，在迎水面焊上挡圈，再填入填充材料（沥青麻丝），塞入背衬材料，最外侧用密封材料封严，在背水面挡圈外填入橡胶圈，对位后用带法兰盘的双头螺栓固定。

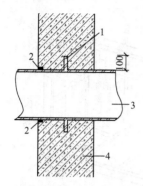

图 5-12 管道固定式穿墙防水做法（一）

1—止水环；2—嵌缝密封材料；

3—主管；4—混凝土结构

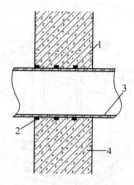

图 5-13 管道固定式穿墙防水做法（二）

1—遇水膨胀止水圈；2 嵌缝密封材料；

3—主管；4—混凝土结构

③ 穿墙管处卷材防水层的铺贴　穿墙管道处卷材防水层应铺贴严实，不能出现张口、翘边现象，穿墙管道应认真除去锈蚀和尘垢，保持管道洁净，确保卷材防水层与管道的粘接附着力，穿墙管周边找平时，应将管道根部抹成直径不小于 50mm 的圆角，迎水面的附加卷材沿管道延伸不小于 150mm，卷材防水层延伸不少于 250mm，端头用密封材料封严，金属箍固定，如图 5-15 所示。

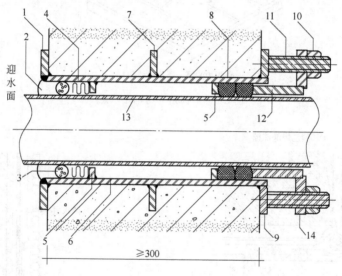

图 5-14　套管式穿墙管防水构造

1—翼环；2—密封材料；3—背衬材料；4—充填材料；

5—挡圈；6—套管；7—止水环；8—橡胶圈；9—翼盘；

10—螺母；11—双头螺栓；12—短管；

13—主管；14—法兰盘

（3）变形缝部位

① 立面墙体变形缝部位防水构造　立面墙体一般采用中埋式橡胶或塑料止水带的防水方法。

图 5-16 为中埋式止水带与外贴止水带复合使用。墙中埋置止水带，其中间空心圆环与变形缝的中心线应重合。在迎水面设外贴式止水带，变形缝用填缝材料（如沥青麻丝或油膏）填实。

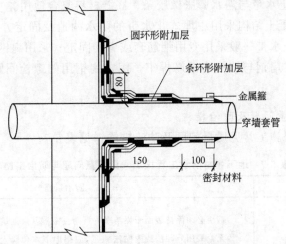

图 5-15　穿墙管处卷材防水层的铺贴

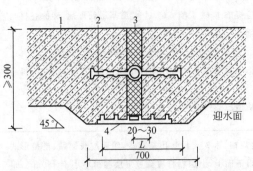

图 5-16　中埋式止水带与外贴止水带复合使用

（外贴式止水带 $L \geqslant 300$　外贴防水卷材 $L \geqslant 400$）

1—混凝土结构；2—中埋式止水带；

3—填缝材料；4—外贴防水层

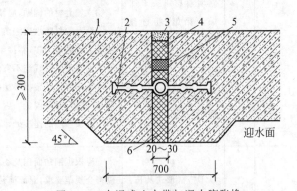

图 5-17　中埋式止水带与遇水膨胀橡

胶条、嵌缝材料复合使用

1—混凝土结构；2—中埋式止水带；3—嵌缝材料；

4—背衬材料；5—遇水膨胀橡胶条；6—填缝材料

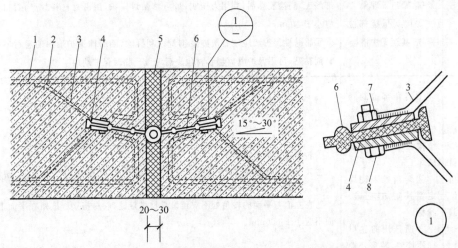

图 5-18　顶板、底板中埋式止水带的固定方法

1—结构主筋；2—混凝土结构；3—固定用钢筋；4—固定止水带用扁钢；

5—填缝材料；6—中埋式止水带；7—垫圈；8—双头螺钉

图 5-17 为中埋式止水带与遇水膨胀橡胶条、嵌缝材料复合使用。

② 顶板、底板混凝土结构采用中埋式止水带的防水构造及固定方法　顶板、底板内止水带应呈盆状安设，止水带一般采用专用钢筋套或扁钢固定。采用扁钢固定时，止水带端部应采用扁钢夹紧，并将扁钢与结构内钢筋焊牢，固定扁钢用的螺栓间距宜为 500mm，如图5-18 所示。

（四）常见施工质量问题及防治措施

地下卷材防水工程施工常见质量问题及防治措施详见表 5-7。

表 5-7　地下卷材防水工程施工常见质量问题与防治措施

序号	现象	主要原因	防治措施
1	空鼓	①基层潮湿，找平层表面被泥水沾污，立墙卷材甩头未加保护措施，卷材被沾污 ②未认真清理沾污表面，立面铺贴热作业操作困难，导致铺贴不实不严	①基层必须保持表面干燥洁净。严防在潮湿基层上铺贴卷材防水层 ②无论采用外贴法或内贴法施工，应把地下水位降至垫层以下不少于 300mm。应在垫层上抹 1∶2.5 水泥砂浆找平层，防止由于毛细水上升造成基层潮湿 ③立墙卷材的铺贴，应精心施工，操作仔细。使卷材铺贴严密、密实、牢固 ④铺贴卷材防水层之前，应提前 1～2 天喷或刷 1～2 道基层处理剂，确保卷材与基层表面附着力强，粘接牢固 ⑤铺贴卷材时气温不宜低于 5℃，施工过程应确保胶黏材料的施工温度 ⑥采用水泥砂浆找平层时，水泥砂浆抹平收水后应二次压光，充分养护，不得有酥松、起砂、起皮现象 ⑦基层与墙的连接处，均应做成圆弧或 45°坡角
2	卷材搭接不良	①搭接形式及长、短边的搭接长度不符合规范要求 ②接头处卷材粘接不密实，有空鼓、张口、翘边等现象 ③接头甩槎部位损坏，甚至无法搭接	①应根据铺贴面积及卷材规格，事先丈量弹出基准线，然后按线铺贴；搭接形式应符合规范要求，立面铺贴自下而上，上层卷材应盖过下层卷材不小于 150mm；平面铺贴时，卷材长短边搭接长度均应不小于 100mm，上下两层卷材不得相互垂直铺贴 ②施工时确保地下水位降低到垫层以下 300mm，并保持到防水层施工完毕 ③接头甩槎应妥善保护，避免受到环境或交叉工序的污染和损坏；接头搭接应仔细施工，满涂胶黏剂，并用力压实，最后粘贴封口条，用密封材料封严，封口宽度不应小于 100mm ④临时性保护墙应用石灰砂浆砌筑以利拆除；临时性保护墙内的卷材不可用胶黏剂粘贴，可用保护隔离层卷材包裹后埋设于临时保护墙内
3	卷材转角部位渗漏	①转角部位的卷材未能按转角轮廓铺贴严实，后浇主体结构时，此处卷材被破坏 ②转角处未按规定增补附加增强层卷材 ③所选用的卷材韧性较差，转角处操作不便，未确保转角处卷材铺贴严密	①转角处应做成圆弧形 ②转角处应先铺附加增强层卷材，并粘贴严密，尽量选用伸长率大、韧性好的卷材 ③在立面与平面的转角处不应留设卷材搭接缝，卷材搭接缝应留在平面上，距立面不应小于 600mm

续表

序号	现象	主要原因	防治措施
4	管道周围渗漏	①管道表面未认真进行清理、除锈 ②穿管处周边呈死角，使卷材不易铺贴 ③管道穿墙时与混凝土脱离，产生裂缝导致渗漏	①穿墙管道处卷材防水层铺实贴严，严禁粘接不严，出现张口、翘边现象 ②对其穿墙管道必须认真除锈和除尘垢，保持管道洁净，确保卷材防水层与管道的粘接附着力 ③穿墙管道周边找平时，应将管道根部抹成直径不小于 50mm 的圆角，卷材防水层应按转角要求铺贴严实 ④管道穿墙应采用套管，后安装管道，然后用柔性防水材料封闭，热力管道穿墙时，应采用橡胶止水套，常温管穿墙时，可采用中间设置止水片的方法

（五）施工质量检验

卷材防水层施工质量检验数量应按铺贴面积每 $100m^2$ 抽查 1 处，每处 $10m^2$，且不得少于 3 处。地下卷材防水层主控项目、一般项目质量标准及检验方法见表 5-8。

表 5-8　地下卷材防水层主控项目、一般项目质量标准及检验方法

验收种类	项目	质量标准	检验方法
主控项目	卷材要求	卷材防水层所用卷材及主要配套材料必须符合设计要求	检查产品合格证、产品性能检测报告和进场检验报告
	卷材防水层	卷材防水层及其转角处、变形缝、施工缝、穿墙管道等部位做法均必须符合设计要求	观察检查和检查隐蔽工程验收记录
一般项目	搭接缝处理	卷材防水层的搭接缝应粘贴或焊接牢固，密封严密，不得有扭曲、皱折、翘边和起泡等缺陷	观察检查
	卷材接槎的搭接	采用外防外贴法铺贴卷材防水层时，立面卷材接槎的搭接宽度，高聚物改性沥青类卷材应为 150mm，合成高分子类卷材应为 100mm，且上层卷材应盖过下层卷材	观察和尺量检查
	保护层	侧墙卷材防水层的保护层与防水层应结合紧密，保护层厚度应符合设计要求	观察和尺量检查
	允许偏差	卷材搭接宽度的允许偏差为 $-10mm$	观察和尺量检查

三、任务 2　外防内贴法施工地下卷材防水工程

外防内贴法与前述的外防外贴法施工不同的是：先砌与地下室结构外墙铺贴防水层同高的保护墙，将卷材防水层贴在保护墙上而不是贴在结构墙上，最后进行底板和结构外墙施工，此法适用于在结构墙施工完毕后墙外没有供铺贴卷材的操作空间，如图 5-19 所示。

（一）施工准备

外防内贴法施工准备，包括技术准备、材料准备和工机具准备等与外防外贴法相同。

（二）施工工艺

现在结合图 5-19 来讨论外防内贴法施工地下卷材防水工程的施工工艺。

第一步　在底板层上将永久性保护墙全部砌好，其下先干铺油毡一层，墙厚根据设计要

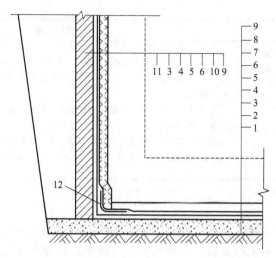

图 5-19　外防内贴法施工地下卷材防水工程

1—素土夯实；2—素混凝土垫层；3—水泥砂浆找平层；4—基层处理剂；5—基层胶黏剂；
6—卷材防水层；7—油毡保护隔离层；8—细石混凝土保护层；9—结构底板；
10—保护层；11—永久保护墙；12—卷材附加层

求，一般为 120mm 或 240mm 厚，M5 水泥砂浆砌筑。

　　第二步　做找平层。在垫层和保护墙表面抹 1：3 水泥砂浆找平层，厚度 20～25mm。阴阳角处按要求抹成纯角或圆角。

　　第三步　刷基层处理剂 1～2 遍。找平层干燥后，一般用长柄辊刷将其涂刷在找平层表面，要求涂刷均匀，厚薄一致，不漏刷或露底。

　　第四步　粘贴特殊部位的附加卷材层。对各转角处（包括底板与永久保护墙间的转角处）、穿墙管、变形缝等特殊部位按照设计要求，铺贴卷材附加层。

　　第五步　进行大面卷材铺贴。将卷材防水层直接铺贴在保护墙和垫层的找平层上，铺贴时应先铺立面，后铺平面，铺贴立面时，应先铺转角，后铺大面。

　　第六步　做保护层。卷材防水层铺贴完毕，经检验合格后及时做好保护层。通常做法为：底面浇一层厚不小于 50mm 的细石混凝土或抹一层 1：3 水泥砂浆，立面则在卷材表面刷一道沥青胶黏料，趁热撒一层热砂，冷却后抹一层厚 10～20mm 的水泥砂浆找平层，并搓成麻面。

　　第七步　浇筑防水结构的底板和墙体混凝土，墙体以永久保护墙兼作外模板，施工时必须防止机具或材料损伤防水层，并按规定做好混凝土的养护。

　　第八步　回填土。结构混凝土施工完毕后，随即回填土。

　　（三）施工方法

　　外防内贴法卷材施工方法与外防外贴法相同：高聚物改性沥青卷材采用热熔法铺贴，合成高分子卷材一般采用冷粘法施工，其余各工序的施工方法也与外防外贴法相应工序相同。各特殊部位如转角部位、穿墙管部位、变形缝部位等的处理方法也与外防外贴法相同。

　　另外，外防内贴法卷材常见质量通病与防治、质量检验标准与外防外贴法也大致相同，不再赘述。

子情境 2　地下工程涂膜防水施工

一、相关知识

(一) 材料及适用范围

地下工程防水涂料包括无机防水涂料和有机防水涂料。

地下工程防水层大多位于最高地下水位以下，长年处于潮湿环境中，用涂膜防水时，宜采用中、高档防水涂料。无机防水涂料可选用掺外加剂、掺合料的水泥基防水涂料、水泥基渗透结晶型防水涂料。有机防水涂料应选用反应型、水乳型、聚合物水泥等涂料，不得采用乳化沥青类防水涂料。为增强涂膜强度，防水涂料宜夹铺胎体增强材料，进行多布多涂防水施工，胎体增强材料应与涂料的材性相搭配。

涂料等原材料进场时应检查其产品合格证及产品说明书，对其性能指标进行复验，合格后方可使用，材料进场后由专人保管，严禁烟火，保管温度不超过 40℃，储存期一般为 6 个月。

地下工程涂膜防水的无机防水涂料宜用于结构主体的背水面，应具有较好的抗渗性，有机防水涂料宜用于地下结构工程主体结构的迎水面。以具有自防水性能的结构为基层，涂刷在补偿收缩水泥砂浆找平层上，以便与地下结构共同组成刚柔复合的防水结构。潮湿基层宜选用与潮湿基面粘接力大的无机防水涂料或有机防水涂料，也可采用先涂无机防水涂料而后涂有机防水涂料构成复合防水涂层。冬期施工宜选用反应型涂料。

涂膜防水层施工方便，故具有较大的适应性，适用于防水等级为Ⅰ～Ⅲ级的地下工程防水，尤其适用于形状复杂的基面、面积窄小的节点部位。

(二) 作业条件

① 进场材料已进行复检合格，其数量满足施工需要。

② 找平层已施工完毕，表面气孔、凸凹蜂窝、缝隙等缺陷修补处理完毕，找平层应处于干净、干燥状态。

③ 采用有机防水涂料时，基层阴阳角应做成圆弧形，阴角直径宜大于 50mm，阳角直径宜大于 10mm。

④ 涂料施工自然条件气温满足要求。严冬季节施工气温不得低于 5℃，溶剂型高聚物改性沥青防水涂料和合成高分子防水涂料的施工环境温度宜为 -5～35℃；水乳型防水涂料的施工温度宜为 5～35℃。

⑤ 无遮蔽条件下不能在 5 级以上大风、雨天或将要下雨以及雨后尚未干燥时施工。

⑥ 有机防水涂料基面应干燥。当基面较潮湿时，应涂刷湿固化型胶结剂或潮湿介面隔离剂；无机防水涂料施工前，基面应充分润湿，但不应有明水。

(三) 地下涂膜防水工程一般施工方法

地下涂膜防水工程一般把防水涂料设置在地下结构外墙的外侧，称为外防水。与卷材防水施工一样，可采用"外防外涂法"和"外防内涂法"两种施工方法。这两种方法的区别在于立面防水涂膜施工顺序不同：外防外涂法是在结构外墙施工完成后，直接在防水结构的外墙外表面完成涂膜施工，如图 5-20 所示；而外防内涂法则是在先砌的保护墙上完成防水涂膜施工，如图 5-21 所示。

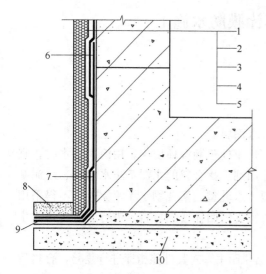

图 5-20 防水涂料外防外涂做法

1—保护墙；2—砂浆保护层；3—涂料防水层；
4—砂浆找平层；5—结构墙体；6—涂料防水
层加强层；7—涂料防水加强层；8—涂料防水
层搭接部位保护层；9—涂料防水层搭接部位；
10—混凝土垫层

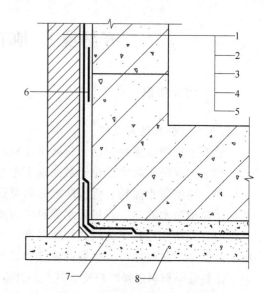

图 5-21 防水涂料外防内涂做法

1—保护墙；2—涂料保护层；3—涂料防水层；
4—砂浆找平层；5—结构墙体；6—涂料防水
层加强层；7—涂料防水加强层；8—混凝土垫层

(四) 地下涂膜防水层施工有关规定

① 多组分涂料应按配合比准确计量，搅拌均匀，并应根据有效时间确定每次配制的用量。

② 涂料应分层涂刷或喷涂，涂层应均匀，涂刷应待前遍涂层干燥成膜后进行；每遍涂刷时应交替改变涂层的涂刷方向，同层涂膜的先后搭压宽度宜为 30～50mm。

③ 涂料防水层的甩槎处接缝宽度不应小于 100mm，接涂前应将其甩槎表面处理干净。

④ 在转角处、变形缝、施工缝、穿墙管等部位应增加胎体增强材料和增涂防水涂料，宽度不应小于 50mm。

⑤ 胎体增强材料的搭接宽度不应小于 100mm，上下两层和相邻两幅胎体的接缝应错开 1/3 幅宽，且上下两层胎体不得相互垂直铺贴。

⑥ 涂料防水层完工并经验收合格后应及时做保护层。保护层应符合下列规定：

a. 顶板的细石混凝土保护层与防水层之间宜设置隔离层。细石混凝土保护层厚度：机械回填时不宜小于 70mm，人工回填时不宜小于 50mm。

b. 底板的细石混凝土保护层厚度不应小于 50mm。

c. 侧墙宜采用软质保护材料或铺抹 20mm 厚 1∶2.5 水泥砂浆。

二、任务 1　外防外涂法施工地下涂膜防水工程

(一) 施工准备

1. 材料准备

地下防水工程可根据所选用的涂料品种，准备涂料及辅助材料。常用涂膜防水施工材料准备见表 5-9。

表 5-9　常用涂膜防水施工材料准备

材料名称	涂料用量		辅助材料
水乳型氯丁橡胶沥青防水涂料	一布二涂	2~3kg/m²	①基层处理剂:将防水涂料稀释即可 ②玻璃纤维布:采用 100D 和 1200D 中碱玻璃纤维布,一布二涂的用量为 1.15m²/m²、二布三涂的用量为 2.3m²/m² ③油膏:嵌缝用 ④表面保护材料
	二布三涂	2.5~4.5kg/m²	
聚氨酯防水涂料	甲组分(预聚体)	1~1.5kg/m²(涂膜用)	①二甲苯:清洗施工工具用 ②乙酸乙酯:清洗手上凝胶用
	乙组分(固化剂)	1.5~2.25kg/m²(涂膜用)	①707 胶:修补基层用 ②水泥:32.5 级,修补基层用
	底涂乙料	0.1~0.2kg/m²(底膜用)	
丙烯酸酯防水涂料	0.6kg/m²		

注:表中所列材料仅为涂膜防水层施工所需材料。

2. 工具准备

涂膜施工所需的工具较为简单,不同类型的涂料所采用的涂刷方法不同,使用的工具也有所区别,常用涂料涂膜施工工具见表 5-10。

表 5-10　地下涂膜防水工程施工工具

类别	工具名称	用　途
一般工具	油工铲刀、扫帚、钢丝刷、高压吹风机(300W)	清理基层
	铁抹子	修补基层
	50kg 磅秤	配料称重
	油漆刷、滚动刷	刷底胶
	卷尺	测量、检查
	开罐刀	开涂料罐
	剪刀	裁剪玻璃纤维布
	安全带、棉纱、工具箱	擦拭工具
氯丁橡胶沥青防水涂料	大棕毛刷(板长 240~400mm,根据需要安装木柄)	涂刷底胶
	长柄辊刷(长 300mm 的人造毛刷),短柄水毛刷	涂刷涂料
	大小铁桶	装涂料
聚氨酯防水涂料	电动搅拌器	混合甲乙料
	搅拌桶	混合甲乙料
	小型油漆桶	装混合料
	塑料刮板	涂刮混合料
	橡胶刮板	涂刮混合料
丙烯酸酯防水涂料	手提式电动搅拌器	涂料搅拌均匀
	小毛刷	人工涂刷
	铁桶	盛装涂料
	喷涂机(喷枪软管、储料罐、空气压缩机)	机械喷涂

（二）施工工艺

现结合图 5-20，归纳外防外涂法施工地下涂膜防水工程的施工工艺如下。

第一步 在垫层上抹补偿收缩防水砂浆找平层，转角抹成圆弧形。

第二步 在找平层上涂刷底胶。

先对找平层进行仔细检查及清扫干净，符合基层要求。

① 若采用水乳型氯丁橡胶沥青涂料，可直接将稀释后的防水涂料均匀地涂刷于底板的找平层上。

② 若采用聚氨酯涂料，将聚氨酯甲料与专供底涂用的乙料按 1∶3～1∶4（质量比的比例配合），搅拌均匀，小面积涂布用油漆刷进行；大面积的涂布，可先用油漆刷蘸底胶在阴阳角、管子根部等复杂部位均匀涂布一遍，再用长把辊刷进行大面积涂刷施工。

第三步 进行特殊部位附加层施工。对阴阳角、穿墙管道、预埋件、变形缝等容易造成渗漏的薄弱部位，用附加防水层加强，此时加固处可做成"一布二涂"或"二布三涂"（工艺同屋面），胎体增强材料采用聚酯无纺布。

第四步 在垫层的找平层上按工艺要求涂刷大面防水涂料。

第五步 做底板垫层涂膜的保护层。先干铺一层卷材隔离层，再做厚度为 50mm 的细石混凝土保护层，但垫层超出外墙部分先垫一层卷材隔离，再在其上用石灰砂浆砌一道临时性保护矮墙，紧贴结构外墙外边（需预先对结构外墙放线定位），高出垫层 250mm 以上。

第六步 施工结构底板和墙体，下部临时性保护墙可作为结构墙外侧的模板，临时保护墙以上部位另支墙体侧模板。待混凝土养护达到拆模要求时拆除模板。

第七步 做临时性保护矮墙以上部位的结构外墙外表面的找平层。一般为 20mm 厚的 1∶3 水泥砂浆。

第八步 拆除临时性保护矮墙，并将结构墙与底板垫层相交的转角处抹成圆弧形，将临时性保护矮墙下的垫层上的杂物清洗干净，露出原已刷好的涂料层。

第九步 做底板与结构外墙交接处的附加涂层。该附加层既是对转角部位涂层的加强，又是转角处原涂层与新涂层在底板垫层超出外墙的外部平面上的搭接，其加强范围为在平面和立面上均应满足接槎搭接宽度要求。如图 5-22 所示。

第十步 涂刷结构墙外侧的防水涂料

① 先涂刷底胶，再根据设计要求和涂膜施工方案对每层涂层分遍涂刷并铺设胎体增强材料。

② 每次涂刷均要将结构墙外侧和垫层超出外墙的外部平面上一起涂布搭接。

第十一步 做结构外墙部位涂膜防水保护层。保护层材料的选择应根据设计要求及所用防水涂料特性而定。底板垫层超出外墙外部平面上搭接部位，宜先垫上一层防水卷材再做水泥砂浆或细石混凝土保护层；结构外墙上，当埋置深度较浅（≤6m）并采用人工回填土时，一般做法是在侧墙迎水面铺贴 6mm 厚聚苯乙烯泡沫塑料软保护层，然后在其外面回填"二八"灰土，并分层夯实。

（三）施工技术要点

1. 配料

采用双组分或多组分涂料时，应根据涂料生产厂家提供的配合比现场配料，严禁任意改变配合比。配料时要求剂量准确（过秤），主剂和固化剂的混合偏差不得大于 5%。涂料的

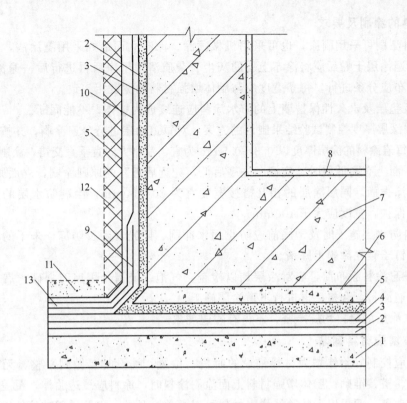

图 5-22　外防外涂法的涂膜接搓

1—混凝土垫层；2—水泥砂浆找平层（掺微膨胀剂）；3—基层处理剂；4—平面
涂膜（共需刷 3~5 遍）；5—卷材保护层；6—细石混凝土保护层；7—钢筋混凝土
结构层；8—水泥砂浆面层；9—节点处涂料防水加强层；10—立面涂膜（共需刷
5~8 遍）；11—涂料防水层搭接部位涂膜保护层；12—结构外墙部位涂膜保护层；
13—涂料防水层搭接部位

搅拌应先将主剂放入搅拌容器内，然后放入固化剂，并立即开始搅拌。搅拌桶应选用圆的铁桶，以便搅拌均匀。采用人工搅拌时，要注意将材料上下、前后、左右及各个角落都充分搅匀，搅拌时间一般在 3~5min。掺入固化剂的材料应在规定时间内使用完毕。搅拌的混合料以颜色均匀一致为标准。

2. 涂层厚度控制

涂膜防水施工前，必须根据设计要求的涂膜厚度及涂料的含固量确定（计算）每平方米涂料用量、每道涂刷的用量以及需要涂刷的遍数。如一布二涂，即先涂底层，铺加胎体增强材料，再涂面层，施工时就要按试验用量，每道涂层分几遍涂刷，而且面层最少应涂刷 2 遍以上。合成高分子涂料还要保证涂层达到 1mm 厚才可铺设胎体增强材料，以有效、准确地控制涂膜厚度，从而保证施工质量。不论采用何种防水涂料，都应采取"分次薄涂"的操作原则。防水层厚度可用每平方米的材料用量控制，并辅以针刺法检查。防水涂料厚度不得小于 3.0mm；水泥基渗透结晶型防水涂料的用量不应小于 $1.5kg/m^2$，且厚度不应小于 1.0mm；有机防水涂料的厚度不得小于 1.2mm。

3. 涂刷间隙时间

涂刷防水涂料前必须根据其表干和实干时间确定每遍涂刷的间隔时间。

4. 涂料的涂刷及要求

① 涂料涂刷可采用刷涂，也可采用机械喷涂。涂布立面最好采用蘸涂法，涂刷应均匀一致。前一遍涂层干燥后应将涂布上层的灰尘、杂质清理干净后再进行后一遍涂层的涂刷。每层涂料涂布应分条进行，每条宽度应与胎体增强材料的宽度相一致。

② 底板垫层及永久性保护墙上的防水涂料应连续成为整体，不能间断。

③ 根据涂层厚度控制试验结果制订的方案，对每道涂层进行分遍涂刷，并按要求铺胎体增强材料。每遍涂料的涂层厚度以 0.3～0.5mm 为宜，涂刷方向宜垂直交错，涂刷应均匀。

④ 当平面上有高低差时，应按"先高后低，先远后近"的原则涂刷，立面则由上而下、先转角、再涂大面，同层涂层的相互搭接宽度宜为 30～50mm，涂刷防水层的施工缝（甩槎）应注意保护，宽度应大于 100mm。

⑤ 涂料防水层施工时及干燥前应防止雨水冲刷、阳光暴晒及防冻，未干的涂层严禁踩踏，不得穿钉子鞋在涂膜上踩踏。

⑥ 下一遍涂料涂布前，应对涂层加以检查，气泡、皱褶处用剪刀划破，展平接头和边缘，再刷一遍涂料，合格后再进行下道涂层施工。

⑦ 防水涂层的缝口均应严密，不得有翘边现象。

5. 胎体增强材料铺贴

操作时应控制好胎体增强材料铺设的时机、位置，铺设时要做到平整、无皱折、无翘边、无露白、搭接准确；胎体增强材料上面涂刷涂料时，涂料应浸透胎体，覆盖完全，不得有胎体外露现象。两层以上的胎体增强材料可以是单一品种，也可采用玻璃纤维无纺布和聚酯无纺布混合使用。如果混用时，一般下层采用聚酯无纺布，上层采用玻璃纤维布。操作时应掌握好时间，在涂层表面干燥之前，应完成无纺布铺贴。

（四）常见施工质量问题及防治措施

地下涂膜防水工程施工常见质量问题及防治措施详见表 5-11。

（五）施工质量检验

涂料防水层的施工质量检验数量，应按涂层面积每 100m² 抽查 1 处，每处 10m²，且不得少于 3 处。

表 5-11　地下涂膜防水工程施工常见质量问题与防治措施

序号	现　象	主　要　原　因	防　治　措　施
1	面层涂料把底层涂料的涂膜软化，膨胀咬起（咬底）	①底层涂料和面层涂料不配套 ②涂刷的间隔时间太短，前遍涂料未干燥即从事后遍涂料涂刷 ③施工环境温度过低、施工的涂料黏度过大、涂料搅拌后气泡未消就被使用	①底层涂料和面层涂料应配套使用 ②待底层涂料干燥后再涂上层涂料 ③涂刷面层涂料应迅速，涂刷强溶剂型涂料应技术熟练，操作准确，反复涂刷次数不可过多 ④应调整黏度，施工环境温度应适宜，涂料搅拌后，应静放一段时间后再用
2	涂膜出现细裂、粗裂和龟裂裂纹	①面层涂料的硬度过高 ②催干剂用量过多或各种催干剂搭配不当 ③由于涂层过厚，表干里不干造成 ④基层刚度不足，抗变形能力较差，或没有按规定留设温度分格缝，以及各种缝处未按规定空铺附加层	①应选用柔韧性较好的涂料 ②注意催干剂的合理配置 ③施工中每遍涂料的涂刷厚度不得过厚，施工前应将涂料搅拌均匀 ④面层涂料中的挥发成分不宜太多，以免涂料收缩量过大 ⑤应保证结构具有足够的刚度，可设细石混凝土找平层，厚度不小于40mm，分格缝等处空铺附加层

序号	现　象	主要原因	防治措施
3	防水层局部失效,雨水渗透过防水层发生渗漏	①施工质量粗糙,如基层含水率不符合要求即施工 ②涂层太薄而普遍露出玻璃纤维布 ③基层不平使玻璃纤维布铺贴不平 ④接头处搭接太短、不严 ⑤涂膜分层不完整;施工期间涂层被雨水冲刷 ⑥由于温度应力引起涂层开裂造成渗漏,伸缩缝、施工缝处理不严	①基层应平整、坚实、清洁,含水率不得大于5%~8% ②改进操作工艺,保证涂层厚度,每遍涂刷厚度不得过厚或过薄,涂层之间不得连续作业,应等前一遍涂料干燥后,再涂刷下一遍涂层 ③在分段接缝处,应先用砂纸打磨,用稀释剂恢复涂膜表面的黏性后,再涂刷防水层,确保搭接宽度 ④铺贴纤维布时,要边刷涂料边推补、边压实、边平整;施工中如发现气泡、皱折时应及时处理,玻璃纤维布应封口严密 ⑤选择温度为10~30℃的天气施工,应避免雨水冲淋涂层,配置防雨塑料布,供下雨时及时覆盖涂层 ⑥应按照规范设伸缩缝,分缝处应按规范要求进行特殊处理
4	涂膜与基层或涂膜与涂膜脱开,粘接不牢	①基层局部有高低不平处,表面未清扫干净 ②基层未干燥或施工期间,涂膜未表干即受到雨水的冲刷 ③涂料储存时间过长,变质失效,底层涂料与面层涂料不配套,底层涂料附着力差	①基层必须平整、密实、清洁 ②涂料施工时,基层含水率宜控制在5%~8%,且不允许基层表面有水珠,不得在雨、雪、雾、大风天施工;并配防雨塑料布,供下雨时及时覆盖 ③每道工序之间一般应有12~24h的间隙,整个施工完后,应至少有7天以上的养护期 ④不得使用已经变质失效的涂料,注意底层涂料与面层涂料的配套,应选择附着力和润湿性较好的底层涂料

1. 主控项目

① 涂料防水层所用的材料及配合比必须符合设计要求。检验方法:检查产品合格证、产品性能检测报告、计量措施和材料进场检验报告。

② 涂料防水层的平均厚度应符合设计要求,最小厚度不得低于设计厚度的90%。检验方法:用针测法检查。

③ 涂料防水层在转角处、变形缝、施工缝、穿墙管等部位做法必须符合设计要求。检验方法:观察检查和检查隐蔽工程验收记录。

2. 一般项目

① 涂料防水层应与基层粘接牢固、涂刷均匀,不得流淌、鼓泡、露槎。检验方法:观察检查。

② 涂层间夹铺胎体增强材料时,应使防水涂料浸透胎体覆盖完全,不得有胎体外露现象。检验方法:观察检查。

③ 侧墙涂料防水层的保护层与防水层应结合紧密,保护层厚度应符合设计要求。

三、任务 2　外防内涂法施工地下涂膜防水工程

(一) 施工准备

施工准备主要包括技术准备以及外防内涂法施工所需的材料和机具准备,与外防外涂法施工相同。

(二) 施工工艺

现结合图 5-21 所示的防水涂料外防内涂做法,归纳外防内涂法施工地下涂膜防水工程

的施工工艺。

第一步 在待浇筑的结构墙体外侧的底板垫层上砌筑一道永久性保护墙，墙高与地下室结构墙相同，墙厚一般为120mm。

第二步 在垫层和保护墙表面抹1∶3补偿收缩防水砂浆找平层，厚为20～30mm。阳角处抹成纯角或圆弧，并对找平层进行修补和清理。

第三步 涂刷底胶，与外防外涂法施工相同。

第四步 做好特殊部位的附加增强处理。

第五步 涂刷防水涂料：即在底板垫层及永久保护墙上进行涂布施工，按涂层厚度控制试验结果制订的方案对每道涂层进行分遍涂刷，并按要求铺贴胎体增强材料，做好接头处理。

第六步 做保护层：涂膜防水层涂刷完毕，经检验合格后及时做好保护层。通常做法为：底面浇一层厚30～50mm的细石混凝土或抹一层1∶3水泥砂浆，立面保护层可在涂膜防水层上花贴一层油毡保护层或抹一层厚20mm的1∶3水泥砂浆层。

第七步 施工结构底板和墙体时，保护墙可作为结构墙外侧的模板，施工时必须防止机具或材料损伤涂膜防水层，并按规定做好混凝土的养护。

第八步 回填土。分步回填"三七"或"二八"灰土，并分层夯实。

（三）施工技术要点

同地下涂膜防水工程外防外涂法施工。

（四）常见施工质量问题与防治措施

同地下涂膜防水工程外防外涂法施工。

（五）施工质量检验

同地下涂膜防水工程外防外涂法施工。

子情境3 地下工程刚性材料防水施工

一、相关知识

地下工程刚性材料防水层包括防水混凝土和水泥砂浆防水层两大类。

1. 防水混凝土材料

防水混凝土可通过调整配合比，或掺加外加剂、掺合料等措施配制而成，其抗渗等级不得小于P6。它是地下室多道防水设防中的一道重要防线，也是做好地下室防水工程的基础。因此，地下工程的混凝土结构应首先采用防水混凝土，并根据防水等级的要求采用其他防水措施。

防水混凝土按其组成不同，可分为普通防水混凝土、掺外加剂防水混凝土和膨胀水泥防水混凝土三大类别，可根据不同工程要求选择使用。

（1）水泥

用于防水混凝土中的水泥品种宜选用硅酸盐水泥、普通硅酸盐水泥，采用其他品种水泥时应经试验确定；在受侵蚀性介质作用时，应按介质的性质选用相应的水泥品种；不得使用过期或受潮结块的水泥，也不得将不同品种或强度等级的水泥混用。

（2）矿物掺合料

粉煤灰的品质应符合现行国家标准《用于水泥和混凝土中的粉煤灰》（GB 1569）的有关规定，其级别不应低于Ⅱ级，用量宜为胶凝材料总量的 20%～30%；硅粉的比表面积要大于 15000m²/kg，二氧化硅含量不小于 85%，用量宜为胶凝材料总量的 2%～5%。

（3）砂石

宜选用坚固耐久、粒形良好的洁净石子；最大粒径不宜大于 40mm，泵送时其最大粒径不应大于输送管径的 1/4；不得使用碱活性骨料；石子的质量要求应符合国家现行标准《普通混凝土用碎石或石质量标准及检验方法》（JGJ 53）的有关规定。

砂宜选用坚硬、抗风化性强、洁净的中粗砂，不宜使用海砂。

（4）外加剂

防水混凝土可根据工程需要掺入减水剂、膨胀剂、防水剂、密实剂、引气剂、复合形外加剂及水泥基渗透结晶型材料，其品种和用量应经试验确定，所用外加剂技术性能应符合国家现行有关标准的质量要求。也可根据抗裂需要掺入合成纤维或钢纤维，纤维的品种及掺量应通过试验确定。

（5）配合比规定

胶凝材料应根据混凝土的抗渗等级和强度等级等选用，总用量不宜小于 320kg/m³；水泥用量不宜小于 260 kg/m³；砂率宜为 35%～40%，泵送时可增至 45%；灰砂比宜为 1:1.5～1:2.5；水胶比不得大于 0.50，有侵蚀性介质时水胶比不宜大于 0.45。预拌混凝土的初凝时间宜为 6～8h。配料允许偏差应符合表 5-12 的规定。

表 5-12　防水混凝土配料允许偏差

混凝土组成材料	每盘计量/%	累计计量/%
水泥、掺合料	±2	±1
粗、细骨料	±3	±2
水、外加剂	±2	±1

注：累计计量仅适用于微机控制计量的搅拌站。

（6）防水混凝土结构底板的混凝土垫层，强度等级不应小于 C15，厚度不应小于 100mm，在软弱土层中不应小于 150mm。结构厚度不应小于 250mm，迎水面钢筋保护层厚度不应小于 50mm。

2. 水泥砂浆防水层材料

应用于制作建筑防水层的砂浆称之为防水砂浆。它是通过严格的操作技术或掺入适量的防水剂、高分子聚合物等材料，以提高砂浆的密实性，达到抗渗防水目的的一种刚性防水材料。目前采用的有普通水泥砂浆、聚合物防水砂浆、掺加外加剂或掺合料水泥砂浆等。在地下防水工程中往往在防水混凝土结构的内外表面抹上一层防水砂浆，来弥补在大面积浇筑防水混凝土的过程中留下的一些缺陷，提高地下结构的防水抗渗能力。

二、任务 1　UEA 混凝土结构自防水施工

所谓 UEA 混凝土，是指掺有 U 型膨胀剂的混凝土。混凝土内掺入适量的 U 型膨胀剂，用来补偿混凝土凝结时的收缩，改善了混凝土内部组织结构，增加了其密实性及抗裂性，从而提高防水抗渗性能。

(一) 施工准备

1. 技术准备

① 按照设计资料和施工方案，进行施工技术交底和施工人员上岗操作培训。

② 计算工程量，制订材料需用计划及材料技术质量要求。确定防水混凝土配合比和施工方法。

③ 根据工程实际情况制定特殊部位施工技术措施。

2. 材料准备

(1) 材料要求

UEA 混凝土所用材料，除制作普通混凝土所需的材料外，尚需掺入适量的 U 型膨胀剂，对材料的要求比一般混凝土严格，详见表 5-13。

表 5-13　UEA 混凝土所用材料要求

序号	材料名称	要　　求
1	水泥	因掺膨胀剂，要求用不小于 32.5 级的普通硅酸盐水泥或矿渣水泥。火山灰水泥和粉煤灰水泥要经试验确定后方可使用
2	砂、石	砂宜用中砂，含泥量不大于 3%，泥块含量不大于 1% 石子粒径宜为 5～40mm，泵送混凝土时，最大粒径应为输送管道直径的 1/4；含泥量不大于 1%，泥块含量不大于 0.5%，石子吸水率不大于 1.5%
3	水	应采用不含有害杂质、pH 值为 4～9 的洁净水，一般饮用水或天然洁净水均可采用
4	U 型膨胀剂	膨胀剂掺量不宜大于 12%。掺量分别为：高配筋混凝土 11%～14%，低配筋混凝土 11%～13%，填充性混凝土 12%～15%

(2) 配合比

使用 UEA 混凝土膨胀剂拌制的混凝土参考配合比见表 5-14。使用膨胀剂，必须掺量准确，误差应小于 0.5%。

表 5-14　UEA 混凝土参考配合比

混凝土强度等级	水泥强度等级	材料用量/(kg/m²)					坍落度/cm	配合比
		水泥	UEA	砂	石	水		(水泥＋UEA)：砂：石：水
C20	32.5 级	317	43	702	1145	180	6～8	1：1.95：3.18：0.5
C25		349	48	716	1167	180		1：1.80：2.94：0.45
C25	42.5 级	304	42	735	1200	170	6～8	1：2.12：3.47：0.49
C30		358	49	655	1165	187		1：1.61：2.94：0.46
C35		378	52	669	1091	208		1：1.56：2.54：0.48
C30	52.5 级	317	43	693	1237	167	6～8	1：1.93：3.44：0.46
C35		352	42	660	1239	171		1：1.676：3.145：0.43
C25	42.5 级	348	48	700	1141	181	12～16（泵送用）	1：1.77：2.88：0.46
C30		368	50	655	1155	187		1：1.57：2.76：0.45

3. 工具准备

混凝土结构自防水施工主要机具和工具详见表 5-15。

表 5-15 混凝土结构自防水施工主要机具和工具

类型	名 称	说 明
泵送设备	搅拌运输车、车泵、拖式泵及布料机	采用预制混凝土泵送时用
拌和机具	混凝土搅拌机、砂浆搅拌机、磅秤、台秤等	
运输机具	手推车、卷扬机、井架或塔式起重机等	数量根据工程实际确定
混凝土浇捣工具	平锹、木刮板、平板振动器、高频插入式振动器、滚筒、木抹子、铁抹子或抹光机、水准仪(抄水平用等)	
钢筋加工机具	钢筋剪切机、弯曲机、钢丝钳等	

(二) 防水混凝土施工

防水混凝土工程的质量保证,除满足有优良的配合比设计、良好的材料质量,还要求有严格的施工质量控制,施工中混凝土的配料、搅拌、运输、浇筑、振捣和养护等环节都直接影响着工程质量,应严格控制每一个施工环节。

1. 施工工艺与技术要求

(1) 支模板

① 防水混凝土所用模板,除满足一般要求外,更应特别注意平整,拼缝严密,支撑牢固。

② 一般不宜用螺栓式钢丝贯穿混凝土墙来固定模板,以防水沿缝隙渗入,宜采用滑模施工。

③ 当必须采用对拉螺栓固定模板时,应在预埋套管或螺栓上加焊止水环,止水环直径及环数应符合设计规定。若设计无规定,止水环直径一般为 8～10cm,且至少要一环。常用做法如下。

a. 采用螺栓加焊止水环做法。如图 5-23 所示,在对拉螺栓中部加焊止水环,止水环与螺栓满焊严密,折模后沿混凝土结构边缘,将螺栓割断。螺栓在墙内部分将永久留在混凝土墙内。

b. 预埋套管加止水环做法。如图 5-24 所示,此法可用于抗渗要求一般的结构。套管采

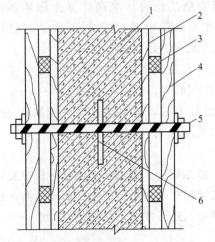

图 5-23 螺栓加焊止水环做法

1—围护结构;2—模板;3—小龙骨;
4—大龙骨;5—螺栓;6—止水环

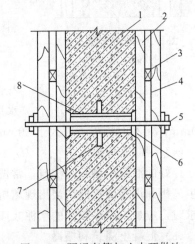

图 5-24 预埋套管加止水环做法

1—围护结构;2—模板;3—小龙骨;4—大龙骨;
5—螺栓;6—垫木;7—止水环;8—预埋套管

用钢管,其长度等于墙厚(或其长度加上两端垫木的厚度之和等于墙厚),兼撑头作用。止水环在套管上满焊严密。支模时在预埋套管中穿入对拉螺栓拉紧固定模板,拆模后将螺栓抽出,套管内以膨胀水泥砂浆封堵密实。拆模时连同垫木一并拆除,除密实封堵套管外,还应将两端垫木留下的凹坑用同样方法封实。

c. 采用止水环撑头做法。如图 5-25 所示,此法用于抗渗要求高的结构。止水环与螺栓满焊严密,拆模后除去垫木,沿止水环平面将螺栓割掉,凹坑用膨胀水泥砂浆封堵密实。

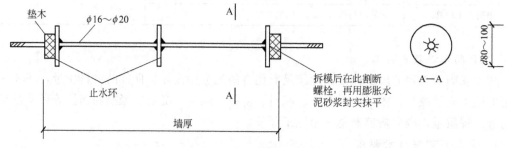

图 5-25　止水环撑头做法

d. 采用螺栓加堵头做法。如图 5-26 所示,在结构两边螺栓周围做凹槽,拆模后将螺栓沿平凹底割去,用膨胀水泥砂浆封堵凹槽。

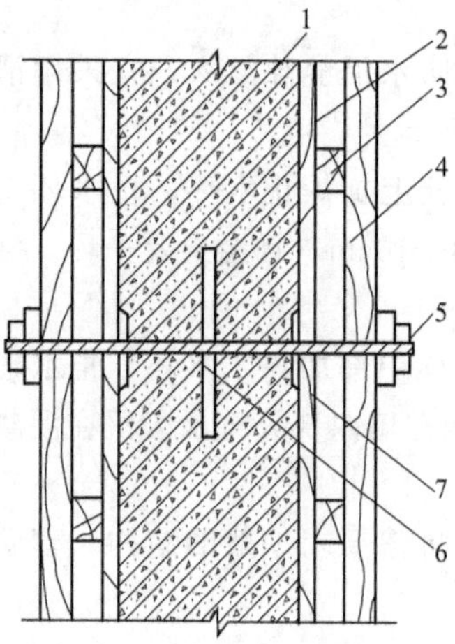

（2）钢筋

钢筋应绑扎牢固,以防浇捣时因碰撞、振动使绑扣松散、钢筋移位,造成露筋。

绑扎钢筋时,应按设计要求留足保护层。迎水面的混凝土保护层厚度不应小于 35mm,当直接处于侵蚀性介质中时,不应小于 50mm。留设保护层的方法是以相同配合比的细石混凝土或水泥砂浆制成垫块将钢筋垫起,结构内设置的各种钢筋及绑扎铁丝均不得接触模板。

（3）混凝土配制搅拌

① 严格按选定的施工配合比准确计算并称量各种用料。水泥、水、外加剂、掺合料计量允许偏差不应超过 ±2%,砂、石计量允许偏差不应超过 ±3%。

② 防水混凝土应采用机械搅拌,搅拌时间不宜小于 2min,掺入引气型外加剂时,搅拌时间应为 2~3min。防水混凝土采用预拌混凝土时,入泵坍落度宜控制在 120~140mm,每小时损失不应大于 20mm,坍落度总损失值不应大于 40mm。

图 5-26　螺栓加堵头做法
1—围护结构;2—模板;3—小龙骨;4—大龙骨;5—螺栓;6—止水环;7—堵头

（4）混凝土运输

拌好的混凝土要及时浇筑,常温下应在半小时内运至现场。混凝土在运输过程中要防止产生离析和坍落度损失,当出现离析时,必须进行二次搅拌,当坍落度损失后不能满足施工要求时,应加入原水胶比的水泥浆或掺加同品种的减水剂进行搅拌,严禁直接加水。

（5）混凝土浇筑和振捣

浇筑时应严格分层连续进行,每层厚度宜 300~400mm,不得大于 500mm。上下层浇筑时间间隙不应超过 2h,浇筑混凝土的自落高度不得超过 1.5m,否则应使用串筒、溜槽管等工具进行浇筑。

防水混凝土应采用机械振捣，不应采用人工振捣，振捣时间宜为 10～30s，以混凝土开始泛浆和不冒气泡为准，并避免漏振、欠振和超振，掺有引气剂或引气型减水剂时，应采用高频插入式振动器振捣。

（6）混凝土的养护

在常温下，混凝土终凝后（浇筑后 4～6h），在其表面覆盖草袋，浇水湿润养护不少于 14 天，冬期养护应采用综合蓄热法、蓄热法、暖棚法、掺化学剂等方法，不得用电热法养护和蒸汽直接加热法养护。

（7）拆模

防水混凝土结构拆模时，其强度必须超过设计强度等级的 70%，混凝土表面温度与环境温度之差，不得超过 15℃。

2. 细部构造防水施工

（1）施工缝

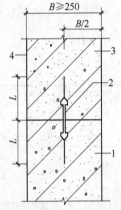

(a) 中埋式止水带构造
钢板止水带 $L \geqslant 150$；橡胶止水带
$L \geqslant 200$；钢边橡胶止水带 $L \geqslant 120$
1—先浇混凝土；2—中埋式止水带；
3—后浇混凝土；4—结构迎水面

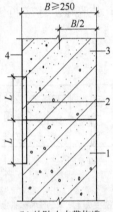

(b) 外贴止水带构造
外贴止水带 $L \geqslant 150$；外涂防水涂
料 $L=200$；外抹防水砂浆 $L=120$
1—先浇混凝土；2—外贴止水带；
3—后浇混凝土；4—结构迎水面

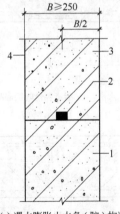

(c) 遇水膨胀止水条（胶）构造
1—先浇混凝土；2—遇水膨胀止水条（胶）；
3—后浇混凝土；4—结构迎水面

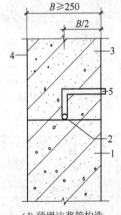

(d) 预埋注浆管构造
1—先浇混凝土；2—预埋注浆管；
3—后浇混凝土；4—结构迎水面
5—注浆导管

图 5-27　施工缝防水构造形式

① 施工缝留设位置

a. 地下结构的顶板、底板的混凝土应连续浇筑，不宜留施工缝；顶拱、底拱不宜留纵向施工缝。

b. 墙体留水平施工缝时，不应留在剪力或弯矩最大处或底板与侧壁的交接处，应留在高出底板表面不小于300mm的墙体上，板墙结合的水平施工缝，宜留在板墙接缝线以下150～300mm处。

c. 墙上设有孔洞时，施工缝距孔洞边缘不应小于300mm。

d. 如必须留垂直施工缝应留在结构变形缝处，避开地下水和裂隙水较多的地段。

② 施工缝的形式　施工缝的防水构造形式宜按图5-27选用，当采用两种以上构造措施时可进行有效组合。

③ 施工缝的浇筑　施工缝前后两层混凝土浇筑时间间隔不能太长，以免接缝处新旧混凝土收缩值相差过大而产生裂缝。为使接缝严密，浇筑前对缝表面进行凿毛处理，清除浮粉和杂物，用水冲洗干净，保持湿润，然后涂刷混凝土界面处理剂或水泥基渗透结晶型防水涂料，对于水平施工缝应再铺30～50mm厚的1:1水泥砂浆一层。及时浇筑混凝土。

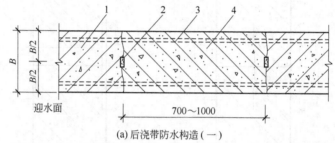

(a) 后浇带防水构造 (一)

1—先浇混凝土；2—遇水膨胀止水条 (胶)；3—结构主筋；4—后浇补偿收缩混凝土

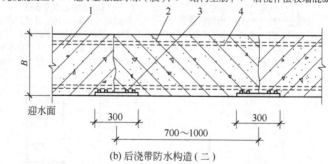

(b) 后浇带防水构造 (二)

1—先浇混凝土；2—结构主筋；3—外贴式止水带；4—后浇补偿收缩混凝土

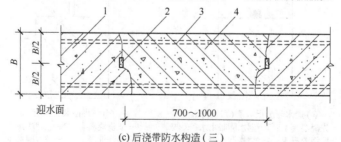

(c) 后浇带防水构造 (三)

1—先浇混凝土；2—遇水膨胀止水条 (胶)；3—结构主筋；4—后浇补偿收缩混凝土

图 5-28　后浇带防水构造形式

（2）后浇带

① 后浇带应设在受力和变形较小的部位，宽度宜为 700～1000mm。后浇带应在其两侧混凝土龄期达到 42d 后再施工，但高层建筑的后浇带还应满足在结构顶板浇筑混凝土 14d 后才能进行。

② 后浇带两侧可做成平缝或阶梯缝，其防水构造宜采用图 5-28 所示形式。

③ 后浇带混凝土施工前，后浇带部位和外贴式止水带应予以保护，严防落入杂物和损伤外贴式止水带。

④ 后浇带应采用补偿收缩混凝土浇筑，其强度等级不应低于两侧混凝土的强度等级。

⑤ 后浇带混凝土的养护时间不得少于 28d。

（3）穿墙管

穿墙管防水施工时应符合下列规定：

① 金属止水环应与主管满焊密实，并做防腐处理，采用套管式穿墙防水构造时，翼环与套管应满焊密实，并在施工前将套管内表面清理干净；

② 管与管的间距应大于 30mm；

③ 遇水膨胀止水圈穿墙管，管径宜小于 50mm，胶圈应用胶黏剂满粘固定于管上，并应涂缓胀剂；

④ 当工程有防护要求时，穿墙管除应采取有效的防水措施外，尚应采取措施满足防护要求，穿墙管伸出外墙的主体部位，应采取有效措施防止回填时将管损坏。

（三）常见施工质量问题及防治措施

防水混凝土施工质量问题及防治措施详见表 5-16。

表 5-16　防水混凝土施工质量问题及防治措施

序号	现　象	主　要　原　因	防　治　措　施
1	蜂窝、麻面、孔洞渗漏水	①混凝土配合比不当,计量不准,和易性差,振捣不密实或漏振 ②下料不当或下料过高未设溜槽、串筒等措施造成石子、砂浆离析 ③模板拼缝不严,水泥浆流失 ④混凝土振捣不实、气泡未排出,停在混凝土表面 ⑤钢筋较密部位或大型埋设件(管)处,混凝土下料被搁住,未振捣到位就继续浇筑上层混凝土	①严格控制混凝土配合比,经常检查,做到计量准确,混凝土拌和均匀,坍落度合适 ②混凝土下料高度超过 1.5m 时,应设串筒或溜槽,浇筑应分层下料,分层振实,排除气泡 ③模板拼缝应严密,必要时在拼缝处嵌腻子或粘贴胶带,防止漏浆 ④在钢筋集密处及复杂部位,采用细石防水混凝土浇筑,大型埋管两侧应同时浇筑或加开浇筑口,严防漏振
2	混凝土开裂漏水	①混凝土凝结收缩引起。混凝土等级高,水泥含量大,收缩量大,混凝土养护未跟上,失水快形成干裂 ②大体积混凝土(如高层地下室底板)体积大厚度高,未用低水化热水泥或掺和料,而保温保湿措施不足,引起中心温度与表面温度差异超过 25℃,造成温差裂缝	①严格按要求施工,注意混凝土振捣密实 ②大体积防水混凝土施工时,必须采取严格的质量保证措施;炎热季节施工时要有降温措施,注意养护温度与养护时间

序号	现　象	主要原因	防治措施
3	施工缝渗漏水	①施工缝未按构造要求处理,接槎后,由于新槎收缩产生微裂缝而造成渗漏水 ②施工缝留设在离阴阳角不足200mm,使甩槎、接槎操作困难,影响施工质量,形成施工缝渗漏	①防水层施工缝接槎部位应采取止水构造措施,留槎部位不论墙面或地面均应离阴角处200mm以上,从接槎施工时,应按层次顺序分层进行 ②不符合要求的槎口,应用剁斧、凿子等剔成坡形,然后逐层搭接
4	预埋件部位渗水	①预埋件除锈处理不净,防水层抹压不仔细,底部出现漏抹现象,使防水层与预埋件接触不严 ②预埋件周边抹压遍数少,素灰层过厚,使周边防水层产生收缩裂缝 ③预埋件埋设不牢,施工期间或使用时受振而松动	①预埋件的锈蚀必须清理干净 ②对预埋件部位必须仔细认真铺抹防水层 ③预埋件按设计要求埋设牢固,施工期间避免碰撞

(四) 施工质量检验

地下防水工程防水混凝土的施工质量检验数量,应按混凝土外露面积每 100m² 抽查 1 处,每处 10m²,且不得少于 3 处,细部构造应按全数检查。

1. 主控项目

① 防水混凝土的原材料、配合比及坍落度必须符合设计要求。

检验方法:检查产品合格证、产品性能检测报告、计量措施和材料进场检验报告。

② 防水混凝土的抗压强度和抗渗性能必须符合设计要求。

检验方法:检查混凝土抗压强度、抗渗性能检验报告。

③ 防水混凝土结构变形缝、施工缝、后浇带、穿墙管道、埋设件等设置和构造,必须符合设计要求。

检验方法:观察检查和检查隐蔽工程验收记录。

2. 一般项目

① 防水混凝土结构表面应坚实、平整,不得有漏筋、蜂窝等缺陷;埋设件位置应准确。

检验方法:观察和尺量检查。

② 防水混凝土结构表面的裂缝宽度不应大于 0.2mm,且不得贯通。

检验方法:用刻度放大镜检查。

③ 防水混凝土结构厚度不应小于 250mm,其允许偏差为 +8mm,−5mm;立体结构迎水面钢筋保护层厚度不应小于 50mm,其允许偏差为 ±5mm。

检验方法:尺量检查和检查隐蔽工程验收记录。

三、任务 2　水泥砂浆防水层施工

如前所述,水泥砂浆防水层是通过严格的操作技术或在砂浆中掺入适量的防水剂及高分子聚合物等材料,制成的防水砂浆,抹在防水混凝土结构内外表面,形成的刚性防水层。

水泥砂浆防水层适用于结构刚度较大、建筑物变形小,埋置深度不大,结构沉降,温度、湿度变化小以及受振动影响小的地下防水工程,不适合长期受冲击荷载和较大振动下的防水工程，也不适用于处在侵蚀性介质，100℃以上高温环境以及遭受着反复冻融的砖砌工程。

常用的防水砂浆包括多层抹面水泥砂浆、掺外加剂防水砂浆和膨胀水泥与无收缩性水泥配制的防水砂浆三类，此处介绍多层抹面水泥砂浆防水层施工。

（一）施工条件

① 基层表面应平整、坚实、粗糙、清洁，并充分湿润、无积水。

② 基层表面的孔洞、缝隙要用与防水层相同的砂浆堵塞抹平。

③ 施工前应将预埋件、穿墙管、预留凹槽内嵌填密封材料。

④ 水泥砂浆防水层不宜在雨天及5级以上大风中施工，冬期施工时，气温不应低于5℃，且基层表面温度应保持在0℃以上，夏季施工时，不应在35℃以上或烈日照射下施工。

（二）施工准备

1. 材料准备

（1）材料要求

防水砂浆所用材料包括水泥、砂、水，对材料的要求比一般抹灰砂浆严格，详见表5-17。

表 5-17 防水砂浆所用材料要求

序号	材料名称	材 料 要 求
1	水泥	因掺膨胀剂，要求用不小于32.5级的普通硅酸盐水泥、硅酸盐水泥。火山灰水泥和粉煤灰水泥要经试验确定后使用，严禁使用过期或受潮结块的水泥
2	砂	①砂宜用中砂，粒径3mm以下，含泥量不大于1%，硫化物或硫酸盐含量不大于1% ②石子粒径宜为5～40mm，含泥量不大于1%，泥块含量不大于0.5%
3	水	应采用不含有害杂质、pH值为4～9的洁净水，一般饮用水或天然洁净水均可采用

（2）配合比

防水砂浆防水层的配合比详见表5-18。

表 5-18 防水砂浆防水层的配合比

名称	配合比（质量比）		水灰比	适用范围
	水泥	砂		
水泥浆	1	—	0.55～0.60	防水层的第一层
水泥浆	1	—	0.37～0.40	防水层的第三、五层
水泥砂浆	1	1.5～2.0	0.40～0.50	防水层的第二、四层

2. 工具准备

防水砂浆防水层施工所需准备的工具详见表5-19。

（三）基层处理

基层处理一般包括清理、浇水、补平等工序。其处理顺序为先将基层油污、残渣清除干净，再浇水湿润，最后用砂浆等将凹处补平，使基层表面达到清洁平整、潮湿和坚实粗糙。水泥砂浆防水层基层处理方法见表5-20。

表 5-19　防水砂浆防水层施工工具

类　型	工具名称	用　途
搅拌用工具	砂浆搅拌机、铁锹、筛子、灰镐	搅拌砂浆用
运输、存放砂浆工具	水桶、灰桶、胶皮管	装水、砂浆用
抹子	铁抹子、木抹子、圆阴角抹子、圆阳角抹子、压子、水平尺、方尺	抹水泥浆、水泥砂浆、压实、成角等
抹刮及检查工具	托灰板	抹灰时托砂浆用
	木杠	刮平砂浆层
	软刮尺	抹灰层的找平
	托线板和线锤	检查垂直平整度
刷类	钢丝刷	混凝土基层表面打毛
	毛刷	涂刷素灰层表面

表 5-20　水泥砂浆防水层基层处理方法

基层类别	处 理 方 法
混凝土和钢筋混凝土基层	①模板拆除后应立即将表面清扫干净，并用钢丝刷将混凝土表面打毛。混凝土表面凹凸不平处，应抹素灰和水泥砂浆各一道，直至与基层表面平直 ②混凝土表面的蜂窝、孔洞、麻面，需先用凿子将松散不牢的石子剔掉，用钢丝刷清理干净，浇水湿润，再用素灰和水泥砂浆交替抹压，直至与基层平直，最后将表面横向扫毛
砖砌体基层	①将砖墙面残留的灰浆和污物清除干净，使基层和防水层紧密结合 ②用石灰砂浆和混合砂浆砌筑的新砌体，需将砌体灰缝剔成 10mm 深的直角，以增强防水层和砌体的粘接力。对于用水泥砂浆砌筑的砌体，灰缝不需要剔除，但已勾缝的，需将勾缝砂浆剔除 ③对于旧砌体，用钢丝刷或剁斧将酥松表皮和残渣清除干净，直至露出坚硬砖面，并浇水冲洗 ④基层处理完毕后，必须浇水湿润，夏天应增加浇水次数，使防水层和基层结合牢固

（四）多层抹面水泥砂浆防水层施工

地下工程水泥砂浆防水层的一般施工顺序是：先顶板、再墙板、后地面，由里向外进行。

1. 混凝土顶板与墙面防水层施工

混凝土顶板与墙面砂浆防水层一般分五层抹面施工，即素灰层→水泥砂浆层→素灰层→水泥砂浆层→水泥浆层，其施工操作见表 5-21。

值得注意的是，砂浆防水层各层应紧密结合，连续不留施工缝。素灰与砂浆层要在同一天内完成，要做到前两层为一连续操作单元，后三层为一连续操作单元，切勿抹完素浆后放置时间过长或次日再抹水泥砂浆，否则会出现粘接不牢或空鼓现象。

表 5-21　五层抹面法施工操作

施工步次	施工方法	施工要求	作用
第一层素灰层（厚 2mm）	①水灰比 0.55～0.6 ②分两次抹压。先抹一道素灰层，用铁抹子往返抹压 5～6 遍，使素灰填实基层表面空隙，其上再抹 1mm 厚素灰找平 ③抹完后用湿毛刷按横向轻刷一遍，以便打乱毛细孔通路，增强和第二层的结合	要薄而均匀，灰在桶中应经常搅拌，以免产生分层离析和初凝，抹面不要干撒水泥粉	第一道防水防线

施工步次	施工方法	施工要求	作用
第二层水泥砂浆层(厚4～5mm)	①水灰比0.4～0.5,水泥∶砂=1∶2.5 ②待第一层素灰稍加干燥,用手指按能进入素灰层的1/4～1/2深时,再抹水泥砂浆层,抹时用力压抹,使水泥砂浆层能压入素灰层内1/4左右,以使一、二层紧密结合 ③在水泥砂浆层初凝前后,用扫帚将砂浆层表面扫成横向条纹	抹水泥砂浆时,要用力揉浆,揉浆时先薄抹一层水泥砂浆,然后用铁抹子用力揉压,使水泥砂浆渗入素灰层(但不能压透互灰层),揉压时严禁加水,以防开裂	起骨架和保护素灰作用
第三层素灰层(厚2mm)	①水灰比0.37～0.4 ②待第二层水泥砂浆凝固并有一定强度后(一般需24h),适当浇水湿润,即可进行,操作方法同第一层 ③若第二层水泥砂浆层在硬化过程中析出游离的氢氧化钙形成白色薄膜时,应刷洗干净	要薄而均匀,灰在桶中应经常搅拌,以免产生分层离析和初凝,抹面不要干撒水泥粉	防水作用
第四层水泥砂浆层(厚4～5mm)	①水灰比0.4～0.45,水泥∶砂=1∶2.5 ②操作同第二层,但抹后不扫纹,在砂浆凝固前后,分次抹压5～6遍,以增强密实性,最后压光 ③每次抹压间隔时间和温、湿度及通风条件有关,一般夏季12h内完成,冬季14h内完成	水泥砂浆初凝前,待收水70%(手指按上去,砂浆不粘手)时有少许水印时进行收压,要使砂浆密实,强度高,不起砂	保护第三层素灰层和防水作用
第五层水泥浆层	①水灰比0.55～0.6 ②在第四层水泥砂浆抹压2遍后,用毛刷均匀涂刷水泥浆一遍,随第四层压光	要均匀,不干撒水泥粉	防水作用

　　水泥砂浆防水层施工时,如确因施工困难需留施工缝时,施工缝留缝要求是:平面留槎采用阶梯坡形槎,接槎要依层次顺序操作,层层搭接紧密,接槎位置一般应留在地面上,若留在墙面上需离开阴阳角处200mm,如图5-29所示。在接槎部位继续施工时,需在阶梯形槎面上均匀涂刷水泥浆或抹素灰一道,使接头密实不漏水。

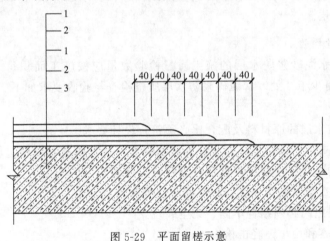

图5-29　平面留槎示意
1—砂浆层；2—水泥浆层；3—围护结构

　　基础面与墙面防水层转角留槎如图5-30所示。

2. 混凝土地面防水层施工

　　混凝土地面砂浆防水层同样采用五层抹面法施工操作。

　　素灰层(第一、三层)与顶板和墙面施工有所不同。顶板和墙面是采用铁抹子进行刮抹法施工,而此处应先将搅拌好的素灰倒在地面上,再用马连根刷往返用力涂刷均匀。

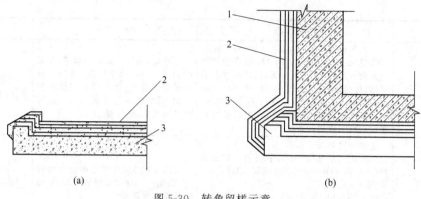

图 5-30　转角留槎示意

1—围护结构；2—水泥砂浆防水层；3—混凝土垫层

水泥砂浆层（第二、四层）与顶板和墙面防水层施工相同。施工时应由里向外，尽量避免操作时踩踏防水层。

（五）养护

水泥砂浆防水层凝结后，应及时用草袋覆盖进行浇水养护。

① 防水层施工完，砂浆终凝后，表面呈灰白色时，就可覆盖浇水养护。一般施工后 8～12h 即可先用喷壶慢慢喷水，养护一段时间后再用水管浇水，但潮湿、通风不良的地下室、地下沟道可不必浇水养护。

② 水泥砂浆防水层养护温度不宜低于 5℃，养护时间不得少于 14d，夏天应增加浇水次数，但避免在中午最热时浇水养护，对于易风干部分，每隔 4h 浇水一次。养护期间应经常保持覆盖物湿润。

③ 防水层施工完后，要加强保护，防止践踏，应在防水层养护完毕后进行后续工程施工，以免破坏防水层。

（六）施工质量检验

地下防水工程水泥砂浆防水层的施工质量检验数量应按施工面积每 100m² 抽查 1 处，每处 10m²，且不得少于 3 处。水泥砂浆防水层质量检查与验收要求如下。

1. 主控项目

① 水泥砂浆防水层的原材料及配合比必须符合设计要求。

检验方法：检查出厂合格证、质量性能检测报告、计量措施和材料进场检验报告。

② 防水砂浆的粘接强度和抗渗性能必须符合设计规定。

检验方法：检查砂浆粘接强度、掺渗性能检测报告。

③ 防水层各层之间必须结合牢固、无空鼓现象。

检验方法：观察和用小锤轻击检查。

2. 一般项目

① 水泥砂浆防水层表面应密实、平整，不得有裂纹、起砂、麻面等缺陷。

检验方法：观察检查。

② 水泥砂浆防水层施工缝留槎位置应正确，接槎应按层次顺序操作，层层搭接紧密。

检验方法：观察检查和检查隐蔽工程验收记录。

③ 水泥砂浆防水层的平均厚度应符合设计要求，最小厚度不得小于设计值的 85％。

检验方法：用针测法检查。

④ 水泥砂浆防水层表面平整度的允许偏差应为 5mm。

检验方法：用 2m 靠尺和楔形塞尺检查。

小　结

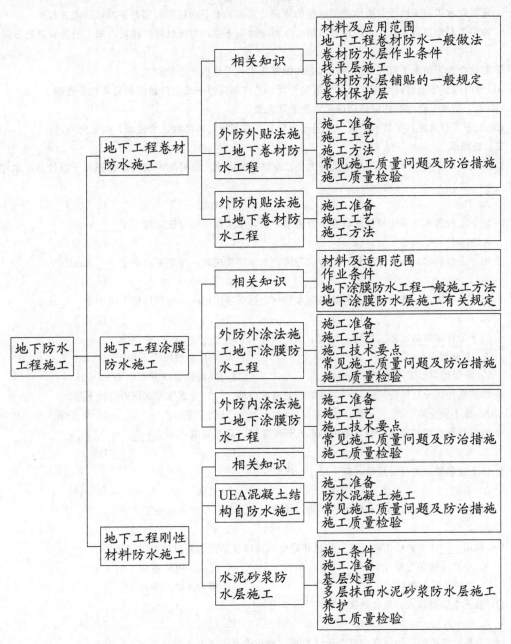

自 测 练 习

一、判断题

1. 当设计常年最高地下水位低于地下工程底板标高，又无形成滞水可能时，地下室可不做防水防潮处理。　　　　　　（　　）

2. 地下工程防水等级要求中，不允许漏水，但结构表面可有少量湿渍的属二级设防。　　　　（　　）

3. 地下工程卷材防水层应铺设在混凝土结构主体的迎水面上。 （　　）

4. 地下工程卷材防水层为一层或二层，应选用高聚物改性沥青类或合成高分子防水卷材。 （　　）

5. 采用热熔法施工改性沥青卷材时，在立面与平面的转角处，卷材的接缝应留在立面上。 （　　）

6. 外防外贴法则是在结构外墙施工前，先砌保护墙，然后将卷材防水层贴在保护墙上，最后浇筑外墙混凝土的一种卷材防水层的设置方法。 （　　）

7. 地下防水工程采用设有胎体增强材料的涂膜防水层，上下两层和相邻两幅胎体接缝宜对齐。 （　　）

8. 地下工程涂膜防水施工，采用有机防水涂料基面应干燥，对无机防水涂料，施工前基面应充分湿润。 （　　）

9. 在整个地下防水工程施工期间，都必须做好排水和降低地下水位的工作。 （　　）

10. 临时保护墙上卷材要按规定留置搭接长度，并在临时保护墙上口做好固定和收头处理。 （　　）

11. 地下防水工程临时性保护墙应用水泥砂浆砌筑。 （　　）

12. 地下工程水泥砂浆防水层的一般施工顺序是：先顶板、再墙板、后地面，由里向外进行。 （　　）

二、选择题

1. 当设计地下水位与室外地坪高度差大于2m时，保护墙及卷材防水层可仅做到高于设计地下水位以上____mm处。

　A. 500　　　　　　　B. 600　　　　　　　C. 700　　　　　　　D. 1000

2. 地下工程防水，采用弹性体改性沥青防水卷材，单层使用时厚度不应小于____mm。

　A. 3　　　　　　　　B. 4　　　　　　　　C. 5　　　　　　　　D. 6

3. 地下工程防水，选用合成高分子防水卷材，当单层使用时，厚度不应小于____mm。

　A. 1.0　　　　　　　B. 1.2　　　　　　　C. 1.5　　　　　　　D. 1.8

4. 地下工程防水，选用三元乙丙橡胶防水卷材，当双层使用时，每层厚度不应小于____mm。

　A. 0.8　　　　　　　B. 1.0　　　　　　　C. 1.2　　　　　　　D. 1.5

5. 地下工程地面防水施工期间，对地下水位的控制要求是____。

　A. 没有要求　　　　　　　　　　　　　B. 降至垫层以下不小于300mm

　C. 降至垫层以下不小于200mm　　　　　D. 降至垫层以下不小于100mm

6. 地下室外防外贴法施工时，永久保护墙的高度应取____，内面抹好水泥砂浆找平层。

　A. 地下室全高　　　B. 地下室底板厚　　C. 地下室半高　　　D. 小于地下室底板厚

7. 临时性保护墙的高度由卷材甩头的搭接长度决定，规范要求不小于____。

　A. 150　　　　　　　B. 200　　　　　　　C. 250　　　　　　　D. 300

8. 地下室侧墙面的卷材铺贴，应采用____法施工。

　A. 点粘　　　　　　B. 条粘　　　　　　C. 空铺　　　　　　D. 满粘

9. 厚度小于____mm的高聚物改性沥青防水卷材，严禁采用热熔法施工。

　A. 2　　　　　　　　B. 3　　　　　　　　C. 4　　　　　　　　D. 5

10. 采用____可节省粘接剂，减少鼓包和避免因基层变形而引起拉裂卷材防水层。

　A. 冷粘法铺贴卷材　　　　　　　　　　B. 自粘法铺贴卷材

　C. 空铺法铺贴卷材　　　　　　　　　　D. 满粘法铺贴卷材

11. 地下室涂膜防水，甩槎处接缝宽度不应小于____mm。

　A. 50　　　　　　　　B. 80　　　　　　　C. 100　　　　　　　D. 150

12. 涂料防水层的平均厚度应符合设计要求，最小厚度不得低于设计厚度的____%。

　A. 75　　　　　　　　B. 80　　　　　　　C. 85　　　　　　　D. 90

13. 防水混凝土抗渗等级不得小于____。

　A. P4　　　　　　　B. P5　　　　　　　C. P6　　　　　　　D. P8

14. 防水混凝土迎水面钢筋保护层厚度不应小于____mm。

　A. 40　　　　　　　　B. 50　　　　　　　C. 75　　　　　　　D. 100

15. 浇筑自防水混凝土应严格分层连续进行，每层厚度不宜超过 300～400mm，上下层浇筑时间间隙不应超过____h。

A. 1　　　　　　　　B. 2　　　　　　　　C. 3　　　　　　　　D. 4

三、计算题

1. 有内径长×宽×高＝40×10×3(m) 的水池作 BX-702 橡胶防水卷材，单层防水层每卷卷材规格为 20m 长、1m 宽，要求搭接宽度 100mm，试计算卷材用量。

2. 某地下防水工程地下室长 5.5m、宽 4m、高 3m。做二布六油防水涂膜，问需各种材料各多少？（材料用量参考见表 5-22）

表 5-22　材料用量参考　　　　　　　　　　　　　　单位：kg/m²

材料名称	三道涂料	一布四涂	三布六油
氯丁胶乳沥青防水涂料	1.5	2.0	2.5
玻璃丝布	—	1.13	2.25
膨胀蛭石粉	—	0.6	0.6

3. 面积为 800m² 的室内地面做单层 603 防水卷材，搭接宽度为 100mm，卷材规格长 20m、宽 1m，基层卷材配套 603-3 号胶黏剂（0.4kg/m²），其中胶黏剂配合比为甲料：乙料：稀释剂＝1：0.6：0.8。求卷材和甲乙料、稀释剂的用量？（胶料为质量比）

综 合 实 训

实训 1　热熔法施工地下室底板至立面的卷材防水层

1. 实训目标

熟悉地下室外防内贴法施工卷材防水层的施工工艺，掌握热熔法施工卷材防水层施工的基本技术。

2. 实训内容

在模拟地下室防水实训场地或某地下室建设工地进行，已做好底板垫层及保护墙找平层，4 人为一组，用外防内贴法完成指定部位地下室底板至立面的卷材防水层施工，采用满粘法紧密贴严。

3. 实训准备

（1）材料

SBS 改性沥青或 APP 改性沥青防水卷材，基层处理剂。根据给定的施工面积计算应准备的用量。

（2）工具

棕扫帚、小平铲、钢丝刷、长柄刷、剪刀、彩色粉袋、粉笔、钢卷尺、小线、火焰加热器、手持压辊、铁辊、扁平压辊、刮板、烫板、消防器材、劳保用品（工作服、安全帽、防护眼镜、手套、口罩）。

4. 实训步骤

基层处理→刷基层处理剂→节点附加增强处理→定位弹线和试铺卷材→滚铺法铺贴卷材→热熔封边。

5. 思考与分析

① 准备相应资料，准确计算材料用量。

② 理会操作工艺流程，事先确定铺贴方案，掌握热熔法滚铺操作技术要领。

③ 实训小组成员要分工明确，配合协调，加热、滚铺、排气收边、压实等工序做到规范有序。

6. 考核内容与评分标准

热熔法施工地下室底板至立面的卷材防水层评分标准见表 5-23。

表 5-23 热熔法施工地下室底板至立面的卷材防水层评分标准

序号	评定项目	评分标准	满分	检测点					得分
				1	2	3	4	5	
1	基层处理	表面无尘土、砂粒或潮湿处	5						
2	刷基层处理剂	均匀无漏底，不得过厚或过薄	5						
3	附加增强处理	均匀涂刷一层厚度不小于 1mm 的弹性沥青胶黏剂，随即粘贴一层聚酯纤维无纺布，并在布上再涂一层 1mm 厚的胶黏剂。附加的范围符合要求	15						
4	定位弹线和试铺卷材	定位、弹线准确	10						
5	滚铺法铺贴卷材	持焰具位置合适，往返加热达标，滚铺卷材粘贴密实，无空鼓	35						
6	热熔封边	沿边油括平，密封严实，不翘边	10						
7	安全文明施工	重大事故不合格，一般事故本项无分，未做到工完场清无分，扫而不清扣 5 分	10						
8	工效	按劳动定额时间进行，超过定额 10% 本项无分，在 10% 以下酌情扣 1～10 分	10						

实训 2 冷粘法施工地下三面阴角卷材防水层

1. 实训目标

通过对地下室三面阴角卷材防水层施工，熟悉地下室卷材防水层细部构造施工工艺，掌握地下室复杂部位卷材防水层施工的基本技术。

2. 实训内容

以某建筑物地下室为实训场地，3 人或 4 人为一组，完成包括附加层在内的三面阴角卷材防水层施工，附加层为两层与大面上相同的卷材。

3. 实训准备

（1）材料

三元乙丙橡胶防水卷材、基层与卷材胶黏剂、卷材与卷材胶黏剂（A、B 组分）、清洗剂。根据给定的施工面积计算应准备的用量。

（2）工具

扫帚、小平铲、电动搅拌器、滚动刷、铁桶、扁平辊、手辊、大型辊、剪刀、卷尺、铁管、小线绳、粉笔、消防器材、劳保用品（工作服、安全帽、防护眼镜、手套、口罩）。

4. 实训步骤

基层处理→刷基层处理剂→节点附加增强处理→定位弹线和试铺→涂刷与基层间的胶黏剂→粘贴防水卷材（抬铺法）→卷材接缝粘贴。

5. 思考与分析

① 准备相应资料，准确计算材料用量，注意区分基层与卷材胶黏剂、卷材与卷材间胶黏剂，双组分配料方比例。

② 理会操作工艺流程，事先确定铺贴方案，注意附加层尺寸为 300mm×300mm，应预先裁剪并折成如图 5-8(a) 所示的形状，第二层卷材与第一层卷材长边错开 1/3 幅宽，接头错开 300～500mm。

③ 实训小组成员要分工明确，配合协调，做到规范操作。

6. 考核内容与评分标准

冷粘法施工地下室三面阴角卷材防水层评分标准见表 5-24。

表 5-24　冷粘法施工地下室三面阴角卷材防水层评分标准

序号	评定项目	评分标准	满分	检测点					得分
				1	2	3	4	5	
1	基层处理	表面无尘土、砂粒或潮湿处	5						
2	刷基层处理剂	均匀无漏底，不得过厚或过薄，动作迅速，一次涂好，不反复涂刷	5						
3	附加增强处理	黏结剂按产品说明进行配料，搅拌均匀。附加层尺寸及裁剪折叠形状符合，粘贴紧密，先贴一层附加层，待基本防水层卷材做完后贴第二层附加层	15						
4	涂刷与基层间的胶黏剂	在卷材上画出长边及短边各不涂胶的接缝部位，均匀涂刷，不堆积	15						
5	粘贴卷材(抬铺法)	定位准确，卷材不得拉伸，滚压及时，排尽空气，粘接牢固	15						
6	卷材接缝粘贴	搭接部位卷材翻开临时固定规范，涂刷胶黏剂至粘贴时间控制合理，粘贴牢固，卷材接缝及收头处密封膏嵌封严密	25						
7	安全文明施工	重大事故不合格，一般事故本项无分，未做到工完场清无分，扫面不清扣 5 分	10						
8	工效	按劳动定额时间进行，超过定额 10% 本项无分，在 10% 以下酌情扣 1～10 分	10						

注：本实训也可根据实际条件，选用自粘型防水卷材，采用自粘法施工。

附录　自测练习参考答案

学习情境 1

一、判断题

1. √；2. ×；3. √；4. ×；5. ×

二、选择题

1～5：CDAAB

学习情境 2

一、判断题

1. ×；2. √；3. ×；4. √；5. ×；6. √；7. ×；8. √；9. ×；10. √；11. √；12. ×；13. √；14. √；15. ×；16. √；17. √；18. ×；19. ×；20. ×；21. √；22. ×；23. ×；24. √；25. √

二、选择题

1～5：DCACD；6～10：BCCCD；11～15：DCBDA；16～22：ADADCCD

三、计算题

1. 解：$500 \div [(20-0.08) \times (1-0.08)] = 27.28 \approx 30(卷)$

2. 解：

① 屋面总面积　$60 \times 25 = 1500 m^2$

② 氯丁胶乳沥青防水涂料 $1500 \times 2.5 = 3750(kg)$

③ 玻璃丝布 $1500 \times 2.25 = 3375(m^2)$

④ 膨胀蛭石粉 $1500 \times 0.6 = 900(kg)$

学习情境 3

一、判断题

1. √；2. ×；3. √；4. √；5. √；6. ×；7. ×

二、选择题

1～7：AADCABA

学习情境 4

一、判断题

1. ×；2. √；3. ×；4. ×；5. ×；6. √；7. ×；8. √；9. √；10. ×

二、单项选择题

1～5：ABDDC；6～10：BAADC

三、多项选择题

1. AC；2. AB；3. AB；4. ABC；5. ACD

学习情境 5

一、判断题

1. ×；2. √；3. √；4. √；5. ×；6. ×；7. ×；8. √；9. √；10. √；11. ×；12. √

二、选择题

1～5：ABCCB；6～10：BBDBC；11～15：CCCBB

三、计算题

1. 解：$[40 \times 10 + (40+10) \times 3 \times 2] \div [(20-0.1) \times (1-0.1)] = 700 \div 17.91 = 39.08$ 卷

（约 40 卷）

2. 解：① 地下室需做防水总面积　$5.5 \times 4 + (4+5.5) \times 3 \times 2 = 79$（$m^2$）

② 氯丁胶乳沥青防水涂料　$79 \times 2.5 = 197.5$（kg）

③ 玻璃丝布　$79 \times 2.25 = 177.75$（m^2）

④ 膨胀蛭石粉　$79 \times 0.6 = 47.4$（kg）

3. 解：① 卷材　$800 \div [(20-0.1) \times (1-0.1)] \approx 44.67$（卷）

② 603-3 胶黏剂　$800 \times 0.4 = 320$（kg）

③ 甲料　$320 \div (1+0.8+0.6) \times 1 = 133.33 \approx 134$（kg）

④ 乙料　$320 \div (1+0.8+0.6) \times 0.6 = 80$（kg）

⑤ 稀释剂　$320 \div (1+0.8+0.6) \times 0.8 = 107$（kg）

参 考 文 献

[1] 沈春林.建筑防水工程施工.北京：中国建筑工业出版社，2008.
[2] 梁敦维.图解防水工基本技术.北京：中国电力出版社，2009.
[3] 韩实彬.防水工长.北京：机械工业出版社，2007.
[4] 沈春林等.地下防水设计与施工.北京：化学工业出版社，2006.
[5] 雍传德.防水工操作技巧.北京：中国建筑工业出版社，2003.
[6] 李靖颉.防水工程施工.北京：机械工业出版社，2013.
[7] 朱馥林.防水施工员（工长）基础知识与管理实务.北京：中国建筑工业出版社，2009.
[8] 张杰，刘峰.防水工程施工.武汉：武汉理工大学出版社，2012.